2011-2012 同济都市建筑年度作品

YEARBOOK OF TONGJI URBAN ARCHITECTURAL DESIGN 2011-2012

同济大学建筑设计研究院（集团）有限公司都市建筑设计院

主编　吴长福　汤朔宁　谢振宇

U0325950

出版社

ERSITY PRESS

图书在版编目（CIP）数据

2011—2012 同济都市建筑年度作品 / 吴长福，汤朔宁，谢振宇　主编 .-- 上海：同济大学出版社，2013.12

ISBN 978-7-5608-5383-3

Ⅰ .① 2… Ⅱ .①吴… ②汤… ③谢… Ⅲ .①建筑设计—作品集—中国—现代　Ⅳ .① TU206

中国版本图书馆 CIP 数据核字（2013）第 293040 号

2011—2012 同济都市建筑年度作品

主编　吴长福　汤朔宁　谢振宇

责任编辑　荆　华　　　责任校对　徐春莲　　　封面设计　陈益平

出版发行：同济大学出版社（www.tongjipress.com.cn 地址：上海四平路 1239 号　邮编：200092　电话：021-65985622）

经　　销：全国各地新华书店

印　　刷：苏州望电印刷有限公司

开　　本：889mm×1194mm　1/20

印　　张：11.5

印　　数：1—3100 册

字　　数：241 000

版　　次：2013 年 12 月第 1 版　　2013 年 12 月第 1 次印刷

书　　号：ISBN 978-7-5608-5383-3

定　　价：60.00 元

2011—2012 同济都市建筑年度作品

同济大学建筑设计研究院（集团）有限公司都市建筑设计院

主　编：吴长福　汤朔宁　谢振宇

编委会：（按姓氏拼音为序）

常　青　戴复东　高　崎　胡　玎　黄一如　李茂海　李振宇

卢济威　莫天伟　钱　锋　孙彤宇　汤朔宁　王伯伟　王　一

吴长福　谢振宇　赵秀恒　徐　甘　支文军　庄　宇

YEARBOOK OF TONGJI URBAN ARCHITECTRUAL DESIGN 2011–2012

Edited by the Tongji Urban Architecture Design Institute of Tongji University
Architectural Design and Research Institute (group) Co., Ltd. (TJADRI group)

Editors–in–Chief: Wu Changfu, Tang Shuoning, Xie Zhenyu

Editorial Committee:

Chang Qing, Dai Fudong, Gao Qi, Hu Ding, Huang Yiru, Li Maohai,
Li Zhenyu, Lu Jiwei, Mo Tianwei, Qian Feng, Sun Tongyu,
Tang Shuoning, Wang Bowei, Wang Yi, Wu Changfu, Xie Zhenyu,
Zhao Xiuheng, Xu Gan, Zhi Wenjun, Zhuangyu

序

  自 2006 年以来，两年一辑的《同济都市建筑年度作品》已出版了 3 辑。它是全面、即时地反映以同济大学建筑与城市规划学院专业教师为主体的创作机构的设计动态、设计理念、设计水平和社会担当的重要平台。《2011—2012 同济都市建筑年度作品》选录了同济大学建筑设计研究院（集团）都市建筑设计院在 2011、2012 两年中完成的近百个设计项目，作品涵盖文化、教育、体育、办公、商业、医疗、住宅、历史保护、城市设计、环境设计等类型。

  与前几辑相比，本辑选录的设计作品没有宏大的建设主题，如奥运会、世博会、灾后援建等，更多是反映了国家在宏观经济平稳发展过程中，城市建设日趋理性的发展状态。在这一常态化的建设背景下，都市建筑设计院的设计师们，继续秉承理论研究和设计实践结合的专业发展理念，保持高昂的创作激情和服务精神，不断提升专业竞争力和创作水平，通过设计作品，呈现同济都市建筑独特的品牌价值。选录于本辑的作品中，数量占多的是文化类、教育类、保障型住区和城市景观环境等项目，充分反映了设计师们关注社会、关注民生的专业理想和社会职责。同时，作品集中已有二十余项获得了教育部、中国建筑学会、上海市建筑学会等省部级及以上的设计奖项，稳定地展现了同济都市建筑的设计品质和创新能力。

  谨献给关注同济都市建筑这一创作团体和品牌的新老朋友们！

《2011—2012 同济都市建筑年度作品》编委会

Preface

Three volumes of Tongji Urban Architecture Yearbook have been published every two years since 2006. The Tongji Urban Architecture Yearbook is an important stage, on which the design works of Tongji Urban Architecture Design Institute, whose main body consists of the faculty of Tongji University College of Architecture and Urban Planning, displays the latest progress, creative thinking, professional quality and social commitment of Tongji Urban Architecture. The Tongji Urban Architecture: Yearbook 2011–2012 collects up to 100 projects finished in 2011 and 2012, covering the professional practice from cultural, educational, sport, office, commercial, medical, residence, preservation, urban design to landscape.

Compared with the previous ones, the works in the 2011–2012 volume primarily echo the growing concern for rationalism of urban development in the background of increasingly steady social and economic growth of the country, rather than address such grand themes as the Olympic games, World Expo and post disaster reconstruction. Answering to this fundamental transformation of social and economic environment, the designers of Tongji Urban Architecture, fusing academic research into professional practice, are devoted to exalting professional competitiveness and design excellence with deeply rooted ardor for innovation and sense of social commitment, which presents the unique brand value of Tongji Urban Architecture. Taking up a majority of the works, the designs for cultural and educational facilities, affordable housing and urban environment in this book reflect the quest for professional ideals and social responsibilities with the respect for social needs and livelihood. More than 20 projects are awarded national or provincial design prizes sponsored by the Ministry of Education of China, the Architectural Society of China and the Architectural Society of Shanghai, which proves the stable design quality and innovation ability of Tongji Urban Architecture.

This book is dedicated to all the friends of Tongji Urban Architecture Design Institute for their constant attention and support!

Editorial Committee

目 录
CONTENTS

第十届中国（武汉）园林博览会国际园林艺术中心方案设计——盛世花谷
ARCHITECTURE DESIGN OF INTERNATIONAL GARDENING CENTER FOR CHINA GARDEN EXPO—SPIPIT VALLEY OF FLOWERS

武汉园博会是一次以"绿色联接你我，园林融入生活"为主题的国际性园林盛会，是武汉城市提升的重要契机。国际园林艺术中心项目紧邻园区北入口，是整体观展序列中的第一个高潮，与入口广场共同构成园区的门户形象。项目包含园区主要的室内综合展厅与公共服务功能，建筑规划面积约 78 500 平方米，其中地上部分约 58 700 平方米，地下部分约 19 800 平方米。

本项目作为主入口核心节点，以适度消隐、融合环境的形态与尺度，在园区整体地脉与地景上确立其标志性。并强化"盛世花谷"为核心的公共空间，提供绿色开放、景观错落、内外交融的公共空间。在 200 米长，9 米高差的山谷中，充分展现"水，石，花，林"为特征的"微缩山水"。营造活力互动的开放姿态。建筑充分关注生态导向的绿色建筑前沿理念。确立以生态为导向的被动式绿色建筑策略，通过覆土、遮阳与自然通风控制、太阳能光电系统、屋顶雨水收集系统等技术手段，结合风、光、热环境模拟与设计优化，打造生态绿色建筑的典范。

鉴于各地有大量展览建筑会前投资、会后空置的现状。我们提出了完整的会后运营模式，充分结合会后的转化。在适度改动的情况下实现功能的转型。将园林艺术中心打造成集会展会、生态泳池、绿色主题于一体的养生精品酒店，以永久保留的园博园为依托，为城市公共活力的提升做出贡献。

设 计 者：李麟学　刘畅　李欢璐　胡家梁
工程规模：建筑面积 78 500m²
设计阶段：方案设计
委托单位：第十届中国国际园林博览会武汉筹备工作领导小组

鸟瞰图

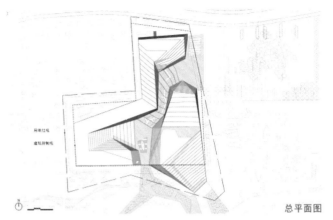

总平面图

透视图

剖面图

局部立面图

室内透视图

透视图

第十届中国（武汉）国际园林博览会地下空间建设工程
THE UNDERGROUNG DPACE DEVELOPMENT IN THE 10TH CHINES(WUHAN)INTERNATIONAL GARDEN EXPO AREA

　　园林博览会位于汉口区生态内环——三环北侧，是武汉"一带十园"中长丰公园所在地。本项目为东入口地下空间，其地上为汉口小镇，东临园博东路，其他三面为园区室外展场，地下贴邻武汉地铁七号线长丰路站，是园博会与城市产生互动的重要节点。地下空间拟设置的功能为：休闲游乐、商业服务、配套服务以及餐饮娱乐等，包括游乐场及主题公园、商业街、美食街以及其他配套服务设施和大型地下停车场等。

　　面对大型地下空间的挑战，提出了"活力阳光谷"的设计概念。设计中沿汉口小镇用地边缘与园博会展区交界处，以及地铁用地与园博园建筑红线处开设两条大峡谷，将园博园的自然环境以及阳光、空气、水域引到地下空间，使地下空间不再阴暗，不再封闭。阳光谷的设计化解了本项目所面临的严峻挑战，并将基地优势发挥极致。充分利用基地紧邻轨道交通站点的优势，将地下一层的商业设施与地铁站台进行"无缝连接"，完成了以交通为导向的城市功能与空间整合，为激活区域城市公共空间活力创造了不可替代的条件。生态设计，融入自然——将临近展区地面倾斜，使地下一层完全开放于外部空间，最大限度地获得了阳光和空气，有效利用太阳能资源。将园博园区内的部分河水引入地下，作为降低空气温度并形成内部空气对流的引擎。梦幻谷西侧的大草坡展场，由地下三层游乐场伸出的"云中漫步"和游乐设施"垂直极限"，以及三个贯通的具有伞状顶棚的中庭，不仅为地下空间的展示提供了契机，更为人们从外部认知地下空间发挥了不可替代的作用。

设 计 者：孙彤宇　赵玉玲　雷少英　吴慧　孟祥皓
工程规模：占地面积 128 000m² 　总建筑面积 26 260m²
设计阶段：方案设计、扩初设计、施工图设计
委托单位：第十届中国（武汉）国际园林博览会筹备工作领导小组

鸟瞰图

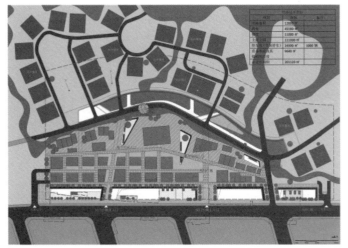

总平面图

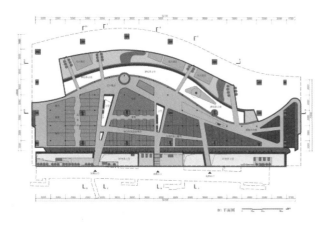

地下一层平面图

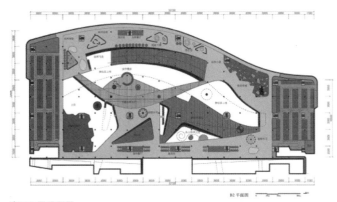

地下二层平面图

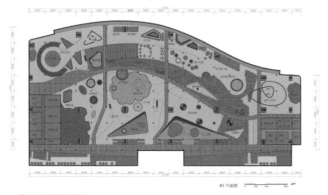

地下三层平面图

地下空间入口透视图

地下商业空间与园区空间互动意向图

第十届中国（武汉）国际园林博览会东部服务区（汉口小镇）方案设计
EASTERN SERVICE AREA(HANKOU TOWN)FOR THE 10TH CHINA(WUHAN)INTERNATIONAL GARDEN EXPO

　　"汉口小镇"项目为第十届中国国际园林博览会园区的东服务区，主要承接来自东入口的人流。服务区集合入口广场和商业餐饮辅助功能建筑群，用地5.3公顷，计划建造3万平方米的服务建筑，由于地铁开通，展会后将成为园区主要入口。为顺应园博会期间自基地北部东入口区而来的大量人流，设计规划一条贯穿南北的主商业街。商业街与东侧园博东路之间以30米宽水域相隔，水中布置船屋餐饮店，打造滨水商业氛围的同时，也为城市提供独特景观。码头意向的商业街自北向南串联起北部当代建筑区、主入口广场区、中部里分建筑区、出口广场区和南部传统建筑区。

　　设计提取汉口历史发展的两个重要时期，即传统建筑和殖民建筑时期，在此基础上置入代表当今建筑发展方向的新建筑，将三个时期的典型建筑类型有机地组合起来，直观地表达"汉口小镇"概念。所对应的典型建筑类型包括书院与民居建筑，里分建筑，以及绿色生态建筑。代表三个时期的区域通过东部贯穿南北的一条码头串联，而码头和船屋同样取材于汉口历史传统并延用至今。三种建筑类型的重新演绎寓意汉口历史发展的三种建筑类型，保留了汉口典型建筑类型的尺度与肌理，用小尺度空间创造宜人步行环境，体现"汉口小镇"的概念，参观者近距离感受汉口建筑变迁同时，也唤起对地域建筑文化的回忆。

设 计 者：蔡永洁　曹野　曹含笑　储皓　张聘婷　吴静
工程规模：建筑面积 29 545m² 用地面积 53 280m²
设计阶段：方案设计（投标）
委托单位：第十届中国国际园林博览会武汉筹备工作指挥部

鸟瞰图

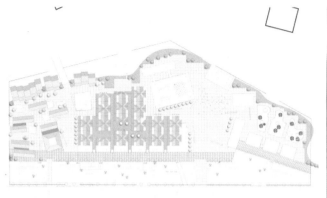

总平面图

透视图

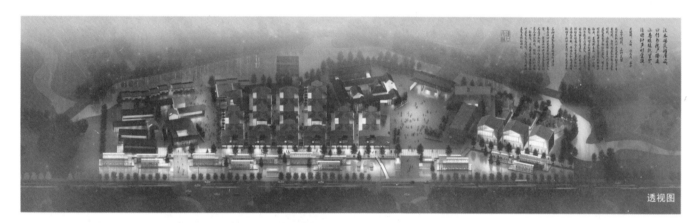

透视图

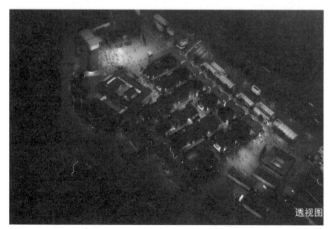

透视图

透视图

第十届中国国际园林博览会创意生活馆方案设计
CREATIVE LIYING MUSEUM DESIGN OF THE TENTH CHINA INTERNATIONAL GARDEN EXPO

　　第十届中国（武汉）国际园林博览会位于武汉市生态内环三环线北侧，创意生活馆位于整个园区南入口附近，是园区南北景观水轴的重要节点。创意生活馆兼具园博会南部入口空间和园区内重要场馆的作用，其主要功能空间包括园区入口、游客服务中心、创意生活主题展厅、1 000人多功能厅及会议室、3 000人演艺厅以及配套服务设施等。

　　"效法自然"、"人化自然"是中国古人在生活空间的营造中关于人与自然关系的哲学思考，中国古典园林正是这一关系的完美体现，而盆景则是将其进一步浓缩。方案以"盆景"为概念，通过"堆山理水"的手法塑造建筑形态，营造建筑空间，体现了园博会"绿色联接你我，园林融入生活"的主题。

　　建筑地上分为东西两部分，西部主要为1 000人多功能厅、会议室及展厅，东部主要为3 000人演艺厅，东西两部分功能相对独立，在二层通过空中花园相联系；建筑地下部分西部为展厅，东部为临时展厅，中间是园区入口空间及游客服务中心，游客进入后可直接进入展厅参观。设计强调通过立体空间的组织，形成由入口空间—下沉广场—庭院空间—空中花园的空间序列，使游客产生多层次、独特的空间体验。

　　设计同时考虑园博会开园期间及闭园后的持续使用，核心功能空间可以满足不同功能及不同使用规模的需要。

设 计 者：王一　徐政　张维　陈振宇
工程规模：建筑面积 27 879m²
设计阶段：方案设计
委托单位：第十届中国国际园林博览会武汉筹备工作指挥部

鸟瞰图

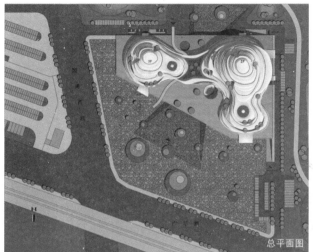

总平面图

透视图

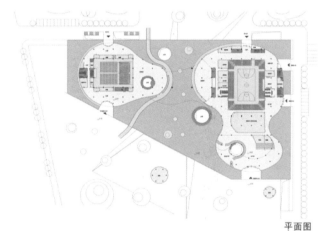

平面图

透视图

剖面图

透视图

第十届中国国际园林博览会——绿色科技馆设计项目建筑设计方案（投标）
THE TENTH CHINA INTERNATIONAL GARDEN EXPO, GREEN TECHNOLOGY PAVILION ARCHITECTURE DESIGN

  第十届中国国际园林博览会园区建设工程——绿色科技馆设计项目，位于园区的主要中轴景观线上，南临园区内规划景观湖和滨水广场，北侧地下临城市主要道路，东西两侧临园区主要景观道路。整个建筑为半覆土建筑，与园区规划地形有效整合，建筑屋顶进行覆土，覆土深度不小于2米，满足屋顶部分绿色植物种植要求。

  结合武汉当地文脉背景，根据建筑功能要求，建筑整体形态以梅花为切入点，形成五个独立的小型展馆和中间的公共开放空间，同时通过中间的公共开放空间对人流参观路线进行引导，在不同高度上提供了步行出入口。

  本项目的设计主导思想主要体现在以下几个方面：

  绿色生态：本建筑为绿色生态覆土建筑，从建筑的能量循环、建筑的生态技术、建筑的空间结构等方面，采用"被动式为主，主动式为辅"的生态设计主导思想，从根本上体现出建筑的节能性、生态性。

  流动空间：基于覆土建筑的特点，本建筑采用灵活多变的内部公共空间，以此为中心串联各个单元功能区域，合理安排浏览路径，围绕整个中庭空间展开各部分展览互动空间。

设 计 者：谢振宇　胡军锋　黄亦颖　练思诒　吴一鸣　吴颖
工程规模：用地面积 40 011m²　建筑面积 37 700m²
设计阶段：方案设计（投标）
委托单位：第十届中国国际园林博览会武汉筹备工作指挥部

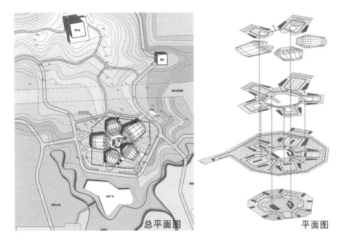

总平面图

平面图

透视图

剖面图

透视图

透视图

第十届中国国际园林博览会园区建设工程——张公阁设计项目
THE 10TH CHINA INIERNATIONAL GAREN EXPO PARK CONSTRUCTION PROJECT—THE DESIGN OF ZHANGGONG PAVILION

武汉园博会选址于武汉市"两轴两环，六楔多廊"生态框架中的生态内环——三环线北侧。张公阁项目基地位于园区内的核心位置荆山上，恰是园区规划的两条主要轴线交汇处。

张公阁作为园林博览会中心区位的标志性建筑，将传统文化与绿色生态的有机结合作为本案的设计目标，充分体现张之洞的"中学为体，西学为用"的近代治世思想，以中国园林"巧于因借"、"精在体宜"的造园理论为基础，提炼湖北地域传统建筑空间、造型、梁架结构以及细部装饰等特征，运用现代设计方法，将建筑具象的"形"与文化抽象的"意"相结合，构筑"山、水、绿与阁"共同组成的光影扶疏、虚实浑然的迷离景境空间。运用现代技术方法和现代材料，构筑具有敞怀畅朗、轻盈飘逸、与长天共一色的张公阁。

设 计 者：鲁晨海　刘欢　姚泰城
工程规模：总用地面积 4 900m²
设计阶段：建筑方案设计
委托单位：第十届中国国际园林博览会武汉筹备工作指挥部

鸟瞰图

总平面图

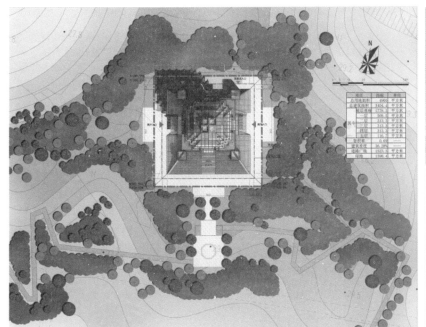

透视图

咸阳市市民文化中心
XIANYANG CIVIC CULTURE CENTER

本案位于北塬新城起步区，紧邻五陵塬历史文化景观带。

方案着眼于更大范围的城市区域，追求空间秩序的延续性，以环环相扣、八方汇聚的布局形式整合文化广场、文化场馆、文化公园和文化产业园四大功能要素，形成层次丰富、张弛有度的城市公共空间体系，以八方汇聚，合而不同的文化姿态塑造建筑组群整体特征，形成雄浑大气的总体形象和多样化、个性化的室内空间，以本土化和地域化的材料诠释传统文化的精神气质，通过现代材料和建造工艺的传统，呈现出一种开放和传承的文化姿态，在咸阳这样一个集文化的密度、容量、高度于一体的历史文化名城，通过对地缘文化的演绎、表达以及互动体验，打造一座城市文化高地和市民共同享受的公共生活平台和精神家园。

设 计 者：章明　张姿　丁阔　丁纯　肖镭　李雪峰　林佳一　席伟东　张之光　孙嘉龙　胡臻杭　林之竹　罗锐　吴雄峰
工程规模：占地面积 41 552m²　总建筑面积 155 000m²
设计阶段：方案设计、初步设计、施工图设计
委托单位：咸阳市统建项目管理办公室

日景鸟瞰图

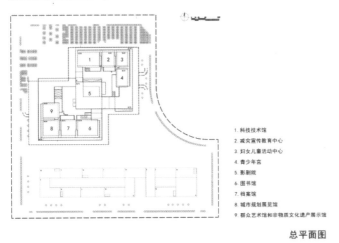

1. 科技技术馆
2. 减灾宣传教育中心
3. 妇女儿童活动中心
4. 青少年宫
5. 影剧院
6. 图书馆
7. 档案馆
8. 城市规划展览馆
9. 群众艺术馆和非物质文化遗产展示馆

总平面图

影剧院及前广场透视图

剖面图

日景平视图

北立面图

南立面透视图

黄河口生态旅游区游客服务中心建筑设计
DESIGN OF THE TOURIST SERVICE CENTER, HUANGHEKOU

　　黄河口生态旅游区游客服务中心位于自然保护区入口,面向城市主要人流,远眺保护区。设计充分反映这一独特的区位标志作用,在体量、景观、公共空间与流线多方面,与周边地貌和景观和谐共存。并突出建筑的标志性、生态性、乡土性、实用性、协调性。强调设计的完整性,三个体型平展的建筑错落展开,独特的屋顶和夯土外墙在湿地之中形象独特。

　　建筑力求最大限度地保护自然景观,总体布局与现状植被、水系紧密结合,整个建筑仿佛从地上长出。场地设计尽量保持原有湿地景观,人造水景通过地下涵洞、廊桥的处理使区域内外湿地环得以连通;建筑采用夯土的外围护材料,材料造价低廉、热工性优异;设备上采用太阳能热水系统、中水回收系统、中空Low-E玻璃等绿色建筑技术和材料,力争将本项目打造成具有国际领先性的绿色生态技术典范。

　　作为生态旅游区门户的第一幢建筑,为与旅游区内业已落成的高技术风格的游客码头相辉映,本项目建筑采取了积极吸收当地自然要素和乡土元素的地域主义风格,另辟蹊径,打造生态、和谐、与环境、人文、历史融合无间的前卫乡土建筑。诠释着自然与艺术的完美结合。建成后将成为集接待、展览、侯车、餐饮、办公、会议于一体的综合性服务设施。建筑手法简洁现代、形态大气平和,与生态旅游区关系融洽。建筑力求通过这种协调,成为旅游区的亮点。崛于大地、伸向天空、气吞山河。

设 计 者：李麟学　刘畅　李欢嘛
工程规模：占地面积 39 609m²
设计阶段：建造中
委托单位：东营市自然保护区管理局

鸟瞰图

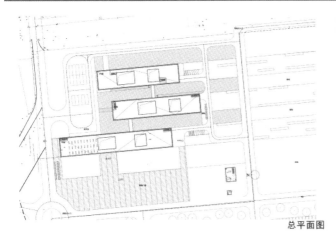

总平面图

透视图

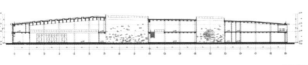

剖面图

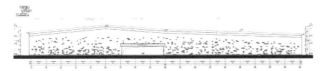

局部立面图

透视图

透视图

绵阳城市规划展览馆建筑方案设计
THE URBAN PALNNING EXHIBITION HALL OF MIAN YANG

绵阳素有"蜀道咽喉"、"西部硅谷"、"富乐之乡"等美誉，是我国重要的国防科研和电子工业生产基地，是国务院批准的唯一的国家科技城。拟建项目绵阳城市规划展览馆位于绵阳市园艺次中心辐射范围内，次中心的核心区域位于基地的西南侧。基地南邻九洲大道，西侧为绵阳市标志性建筑孵化大楼，东北向为大片人工湖公园。项目用地面积 11 638 平方米，总建筑面积 15 729 平方米。

整个项目将简洁的正方形平面架设于模拟绵阳山水起伏的基座上，与西侧蛋形的孵化大楼形成对话关系。并在建筑的内坡屋顶设置蜿蜒转折的玻璃廊桥，寓意中国传统园林的精髓；将古人建筑四水归堂的造型手法与绿色建筑技术相结合，作为规划馆的特色展示；该项目还延续四川檐下公共空间的传统，在建筑二层为公众提供舒适的灰空间，并在建筑展示空间内布置一动态沙盘，以切合绵阳市科技产业特点。建筑屋面采用传统小青瓦，基座立面采用绵阳制造的米黄色烧毛大理石，以表达对传统历史的尊重与延续。而针对绵阳的气候特点，合理运用了诸如中水回收与利用、自然通风设计、机械助动通风、地源热泵、渗水地面、主体钢结构与可再利用材料、"绵阳制造"的材料等适宜的绿色节能技术。

建筑用足 24 米限高，加强远视效果，提升城市次中心形象。模拟绵阳山水起伏特征的基座与西侧广场咬合，且主入口延续其轴线关系，使区域环境内空间互补，浑然一体。建筑北侧与东侧整齐地顺应街道，明确地限定空间。通过在规划馆沿街北侧方向设置商业休闲服务设施，与基地北侧已有的商业形成区域内完整的商业休闲服务功能，以完善支撑市民活动的功能布局。

设 计 者：蔡永洁　曹含笑　储皓　张聘婷　吴静　史清俊
工程规模：占地面积 11 638m²
设计阶段：方案设计（投标）
委托单位：绵阳市城乡规划局

鸟瞰图

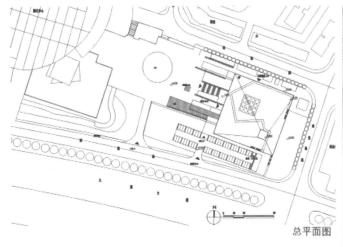

总平面图

透视图

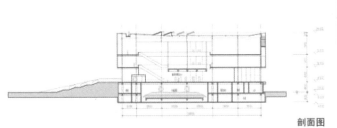

剖面图

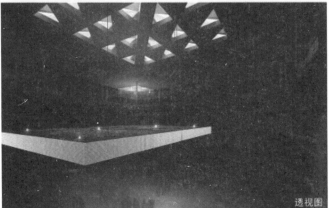

透视图

透视图

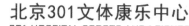

北京301文体康乐中心
301 HOSPITAL SPORTS AND LEISURE CENTER

北京301文体康乐中心项目是一项完善医院功能、辐射周边组团、构建区域可持续发展格局的综合性基础设施建设，具有体育比赛、群众健身和运动休闲活动、大型文艺演出和娱乐、文化交流、会议、军职活动中心等多种功能。该中心建成后不仅能成为301医院及周边地区开展各类体育活动和广大市民健身娱乐、休闲购物的中心场所，而且也能在经济、旅游、文化交流及促进医疗文化产业等多方面产生多重效能。

文体康乐中心的规划和设计立足于以满足复合型功能要求为基础，突出"绿叶广场"不同幸福要素的互动交融为目标，在整体布局和建筑单体设计中，使标志性建筑与医院内部原有的环境氛围相融合。在建设体育文化设施的同时，考虑到商业规划、全民健身规划，力争把文体中心建设成为医院本身需求和市民需要完美融合的健身、娱乐、休闲场所，使之在进一步完善301医院综合性功能、促进301医院现代化建设进程中发挥重要作用。

设 计 者：钱锋　汤朔宁　林大卫　余中奇
工程规模：总建筑面积 98 185m²
设计阶段：方案设计
委托单位：方大集团

鸟瞰图

一层平面图

透视图

透视图

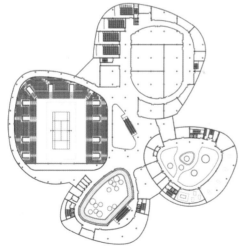

顶层平面图

鸟瞰图

莆田市博物馆建设工程
PUTIAN MUSEUM

本工程位于荔涵大道东侧绶溪公园大门地段，可建设建筑用地面积 15 561.2 平方米。莆田市博物馆新馆属于地市级的大型博物馆，其主体建筑由 4 层的主展馆和 4 层辅展馆组成，主展馆建筑高度 27.6 米，辅展馆建筑高度 24.8 米，总建筑面积为 29 430 平方米。

博物馆就像一面镜子，反射出一个城市的经济、文化、历史、科技等特征，它的突出地位具有形象与场所的特殊标志性。莆田市博物馆作为莆田新的地标建筑，它不仅要与莆田在中国文化发展中的显著地位相匹配，还应具有现代气息，使建筑造型既有传统文化内涵又有现代韵味。

构思基础——塑造反映莆田城市山水景观和悠久文化历史的雕塑性的地标建筑为构思基础。

表皮设计——该项目靠近莆田市首个大型综合性公园绶溪公园，森林覆盖率较高。因此，在建筑与环境的对话时，选用了红木特点作为建筑表皮的主要考虑元素。最终用材上选择具有木的抽象纹理和质感的材料。

材料运用——建筑材质突出自身个性，主展馆最外层肌理以砖红色为主基调，配合以金属铝板，形成稳重大气的建筑形象。辅展馆四层采用玻璃幕墙，再考虑功能的使用环境的需要，一到三层采用石材幕墙。

设 计 者：钱锋　汤朔宁　曹亮　程东伟
工程规模：总建筑面积 29 430m²
设计阶段：方案设计、初步设计、施工围设计
委托单位：莆田市博物馆

鸟瞰图

透视图

环境效果图

门厅效果图

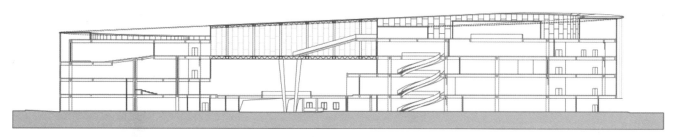

剖面图

沁水县综合展示馆
QINSHUI EXHIBITION

沁水县综合展示馆位于山西沁水县东街南侧，新建西路北侧，基地东侧紧贴规划市民广场，西侧为现有建筑。总用地面积 6 560 平方米。基地处于梅河、杏河、县河三河交汇之处，位居整个县城中心，将是未来开发建设的地标景点，市民活动集中区域。

沁水县综合展示馆似厚重的书卷，又犹如坚硬的磐石，坐落于杏河、梅河、县河三河交汇处。

"开卷有益"，书卷带有浓浓历史底蕴，内涵丰富。两侧扭转渐变的页面赋予了建筑动感与韵律感，仿佛书页翻动。

"磐石方且厚，可以卒千年"，磐石代表坚固、永久。建筑的平台底座、核心筒部分都选取石材，厚重的石材给人以稳重感，与建筑三面悬挑的形象形成对比，整个建筑轻盈不失稳重，形成独特的文化类建筑气质。

书卷翻开崭新的一页，沁水将谱写城市发展新篇章。坐落于城市中心的沁水文化展示中心，博物馆、科技馆、规划馆三馆合一，承前启后，继往开来。

设 计 者：汤朔宁　奚凤新　张溥
工程规模：总建筑面积 14 603m²
设计阶段：方案设计、初步设计、施工围设计
委托单位：沁水县住房保障和城乡建设管理局

鸟瞰图

鸟瞰图

效果图

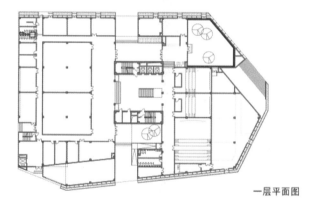

一层平面图

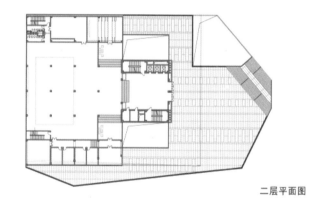

二层平面图

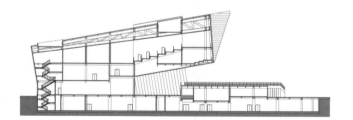

剖面图

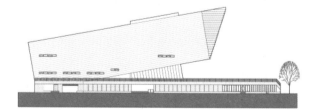

立面图

红军长征纪念馆
RED ARMY MEMORIAL

　　本项目位于四川省冕宁县城,基地位于县城发展轴以东、安宁河以西,北邻红军广场。冕宁县位于四川省西南部,凉山彝族自治州北部,自古以来,就是四川往来于西南边陲的重要通道之一,地理位置十分重要,著名的安宁河发源于四川境内,纵贯全省,属攀西地区精华地带,被誉为"攀西龙头"。冕宁是革命老区,具有光荣的革命传统。1935 年中国工农红军长征路经这里,刘伯承同志与彝族果基支首领果基约达在风景秀丽的彝海之滨"歃血结盟",使红军顺利通过了彝区,为抢渡大渡河的胜利争取了时间,谱写了民族团结的光辉篇章。

　　设计概念以红军长征和"彝海结盟"为主题,以建筑的语言、雕塑的手法、象征的寓意,为公众展现一幅既能浓缩红军长征的隆阔历程,又能体现党群一家彝海情深的感人场景。

　　建筑形态取义于山,近处有水,既和远山呼应,又象征红军历经万水千山,爬雪山,过草地,征途艰难。建筑体量相互穿插,取义于紧握的双手,象征"彝海结盟",民族团结。"彝海结盟"是中国共产党的民族政策在实践中的第一次重大胜利,给奇迹般的万里长征增添了光彩的一笔,为革命胜利后制定民族政策和民族区域自治制度打下了坚实的基础。

设 计 者: 孙彤宇
工程规模: 占地面积 2 360m²　建筑面积 2 280m²
设计阶段: 方案设计、施工图设计
委托单位: 四川省冕宁县人民政府

鸟瞰图

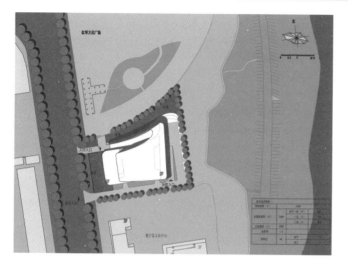

总平面图

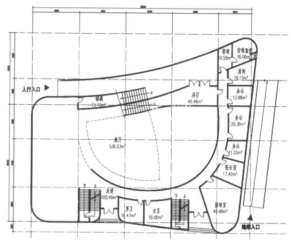

平面图

透视图

南京绿博园明轩观澜方案设计
CONCEPT DESIGN OF NANJING MING XUAN GUAN LAN

　　本项目地块位于南京市建邺区绿博园内太阳宫路与万景园路的交口处，西侧紧邻长江江堤，遥望长江。墓地地理位置优越，基本地貌特征为长江三角洲冲击平原地貌，类型单一，场地较平整。气候条件本工程属夏热冬冷地区（川类气候区）。设计地块位于绿博园内的核心位置，即是绿博园主要车流入口入园后的重要服务建筑，又是满足整个绿博园内辅助功能的基本配套设施。因此在设计上既要考虑满足基本的功能要求，又要满足整个绿博园公园绿化环境的要求。

　　考虑到建筑位于绿博园内，所以对周边景观的利用成为最需要考量的因素。我们将整个建筑作为一种地景形式加以处理，整个建筑屋顶形同一张从地面撕开的草皮，由西北角向东南角逐渐升高，这样使得临向公园道路一侧依然是完整的绿色界面，而所有的功能区都在这一张大的草皮下方加以实现，功能区进一步贯彻消隐的主题。整个底部立面采用玻璃和遮阳翼板相结合的方式加以实施，在满足建筑单体采光的同时，又满足了"看"与"被看"的双重目的。外挂翼板形成波浪般的造型，更与建筑滨水的主题相呼应。

设 计 者：袁烽
工程规模：占地面积 26 893m²
设计阶段：方案设计
委托单位：南京滨江公园管理有限公司

鸟瞰图

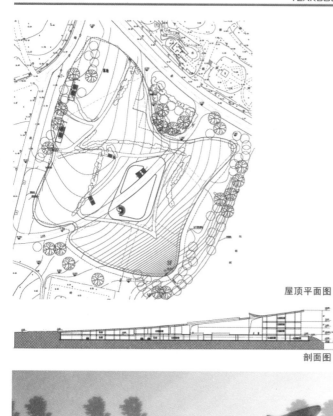

屋顶平面图

剖面图

透视图

透视图

透视图

透视图

连云港市连云新城盛龙湾概念规划方案
CONCEPT PLAN OF SHENGLONGWAN, NEW COASTAL DISTRICT OF LIANYUNGANG CITY

　　连云新城作为港城未来城市核心区，这座崭新城市将集航运、商务、金融、信息、物流、旅游六大功能于一体。连云新城是连云港市建设国际性海滨城市重要组团，也是提升连云港海滨城市形象、增强城市综合竞争力重点工程，对形成"一心三极"城市空间布局、推动中心城市加快发展具有重要的战略意义。

　　本案位于新城 CBD 启动区东南一隅，临向整个内湖区域，北依新区重点项目北固山庄，西靠中心商务区和总部办公区，作为整个娱乐休闲区的启动区域，具有举足轻重的作用。

　　整个项目作为新城链接老城区的关键节点，把营造生态、交通、文化、娱乐、购物、休闲作为打造生态宜居新城的关键。"六大环境"的引领，成就了本项目投资、就业、开发和自我运营的坚实平台。

设　计　者：袁烽
工程规模：占地面积 300 000m²
设计阶段：概念规划
委托单位：连云港盛凯商业投资管理有限公司

鸟瞰图

透视图

鸟瞰图

鸟瞰图

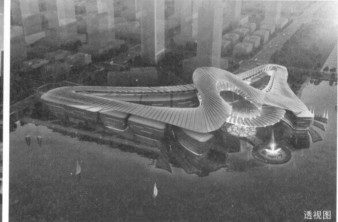

透视图

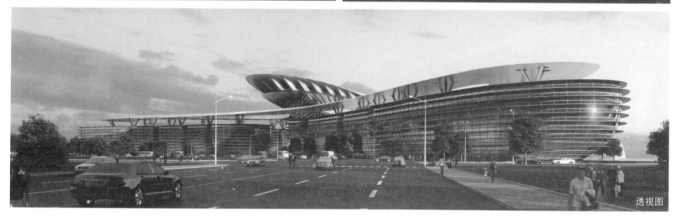

透视图

都江堰水文化博物馆建筑及水文化广场方案设计
WATER CULTUREQUARE AND WATER CULTURE MUSEUM IN DUJIANGYANG, SICHUAN

都江堰水文化博物馆及水文化广场位于都江堰市建设路、幸福大道、蒲阳河及龙角车街围合区域，面积约3公顷。该宗地用地性质为综合用地，整合了绿地、广场、对外交通、文化、娱乐、旅游服务等多项功能。甲方在任务书中明确要求，地面不能建造房屋，广场主体必须采用下沉模式。基于这种条件，围绕下沉广场周边布置游客中心、餐饮、零售商店；地下建筑为水文化博物馆、城市公共停车库等功能，停车库与来自成都的快铁车站相衔接，总建筑面积约为38 427平方米。

设计概念：该广场是都江堰的城市门户，核心理念是将一个城市广场以中国园林的空间进行演绎，在满足城市基本功能要求的同时，体现地域文化特色。具体而言，为营造一个以"水"为主题的、高效活力的水城客厅，引入了三个设计策略。

设计策略一：中国传统园林"以水为中心"空间模式的演绎。

设计策略二："由水而生"的川西林盘肌理的再现。

设计策略三：传统院落空间的运用——"水院"。

设 计 者：蔡永洁　江家畅　邱洪磊
工程规模：建筑面积 38 427m²　用地面积 29 978m²
设计阶段：方案设计、扩初设计、施工图设计
委托单位：都江堰市规划管理局

鸟瞰图

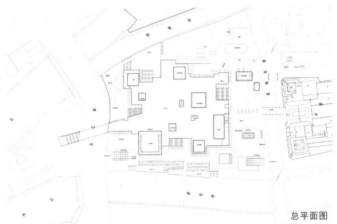

总平面图

透视图

剖面图

透视图

北川老县城地震遗址大门
ENTRANCE OF BEICHUAN EARTHQUAKE RUINS

　　项目位于曲山镇任家坪，距老县城地震遗址约1.5公里。在"新城—废墟"这一当代空间景观的转换中，大门作为进入国家级地震遗址的前奏，希望能充分体现纪念性和地震特征，最终呈现独特的标识性。

　　基地呈狭长形态，南高北低，东依自然山体，南侧隔山东大道为在建的北川地震纪念馆。设计延续地震纪念馆的地景式处理，两块的倾斜墙体从大地升腾而起，在顶部相互支撑形成整体，表达了"祈祷"的设计意向。二者从分到合再到分，营造出富于纪念性的空间节奏。建筑形体通过"搭、错、斜、折、挖"等5种处理方式，充分体现了地震元素和力的表征。

　　这是一个时空隧道，将人们带回到2008年5月12日14时28分那一无法忘却的时刻。

设 计 者：陈强　陈剑如　周明旭
工程规模：建筑面积 340m²
设计阶段：方案设计
委托单位：北川老县城建设指挥部

总体透视图

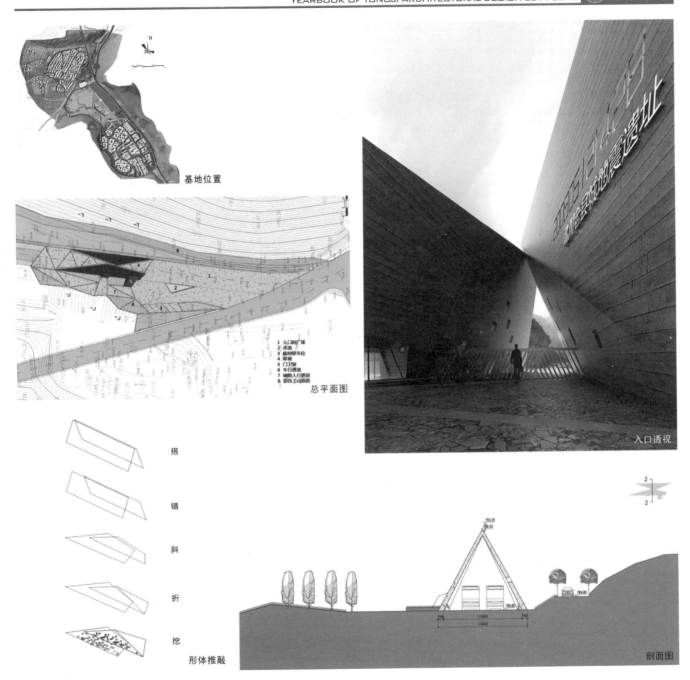

基地位置

1 入口小广场
2 水池
3 临时停车位
4 草坡
5 门卫房
6 车行通道
7 辅助入行通道
8 现改上山道路

总平面图

入口透视

搭

错

斜

折

挖

形体推敲

剖面图

肇兴民族香药文化体验中心项目建筑方案设计
ZHAOXING NATIONAL MEDICINE CULTURE EXPERIENCE CENTER DESIGN

　　设计在尊重当地传统地域特色的情况下组织空间，采用错落有致的建筑布局方式，单元式设计贯彻"尊重传统"、"结合自然"与"可持续发展"的思想，以建设打造传统侗族建筑空间环境为规划目标，创造一个布局合理、功能完善、交通便捷、环境优美的文化体验中心。

　　总体布局顺应当地文化，采用单元式的空间布局方式，形成传统的侗族建筑聚落，景观水系贯穿场地南北两侧，步道支路渗透到各个功能单元。采用这样的模式主要考虑以下两点：一方面使五大功能区域形成各自的组团，便于人员的参观、使用与后勤管理；另一方面强化景观的渗透作用，营造文化中心内丰富的空间层次和趣味性。

　　在建筑单体设计中，继承传统侗族民居建筑风格，公共部分组团各单元平面均为一楼一底、四榀三间。建筑为钢木结构，一层采用钢结构梁、柱，外包木结构，在不破坏传统建筑风格的情况下，增强其稳定性。建筑平面层层出挑，上大而下小，占天不占地。每栋楼上均有观景宽廊，供参观者观赏侗寨美景。建筑木门、花窗、廊上栏板均仿照传统侗族民居建筑细部设计，保留当地建筑的传统风貌。建筑屋面覆盖小青瓦，檐口采用侗族风格封檐板。墙身四周安装木板壁，建筑楼梯间处，横腰加建一披檐，增加檐下使用空间，形成宽敞前廊，便于小憩纳凉。

设　计　者：胡军锋　练思诒
工程规模：占地面积 5 552m²
设计阶段：方案设计
委托单位：贵州宏宇健康产业集团

鸟瞰图

总平面图

一层平面图

透视图

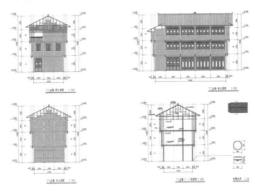

单体立、剖面图

透视图

常熟市总工会工人文化宫及周边地块综合改造工程建筑设计方案

CHANGSHU GENERAL LABOR UNION WORKERS CULTURAL PALACE AND COMPREHENSIVE TRANSFORMATION PROJECTS AROUND THE BLOCK BUILDING DESIGN

　　本项目基地地处常熟市老城区，方案应从城市设计的角度出发，尊重原始地形及周边城市环境关系并加以有效合理的利用。建筑高度应与场地内周边建筑物高度相协调。

　　总体布置上功能分区明确，沿北侧寺后街布置商业配套服务设施，在形成连续的建筑界面的同时，也充分体现其商业价值。老年人活动中心靠西侧布置，已适应其相对独立且安静的功能特点。高层的文化宫南向布置，既避免建筑高度对北面旧城区民居在日照上进行遮挡，又与北侧多层的配套商业设施将场地围合，形成商业内街，在满足商业利益的同时，也使建筑内部空间更加灵活多变，富有生气。

　　在整体造型上，抽取传统苏式建筑的坡屋顶，经过抽象与简化后，以现代的手法将其表达。形成内坡顶与外坡顶，丰富了建筑形体，使之在现代感中也不失古典的韵味。同时，从市内虞山上远眺建筑，也能感受建筑吸取本土传统，响应场所精神。在建筑材料上，白色的外墙与浅灰色、深灰色的石材贴面结合现代色彩的钢构件与玻璃幕墙，包含着统一中的变化与差异，建筑以及空间尺度处处呈现出传统江南古城的意向，延续着地方传统的亲切氛围。

设 计 者：谢振宇　胡军锋　黄亦颖　练思诒
工程规模：占地面积 38 277m²
设计阶段：方案设计
委托单位：常熟市总工会

鸟瞰图

总平面图

一层平面图

透视图

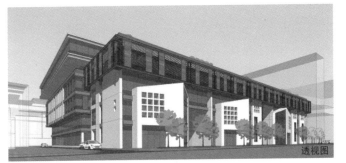

透视图

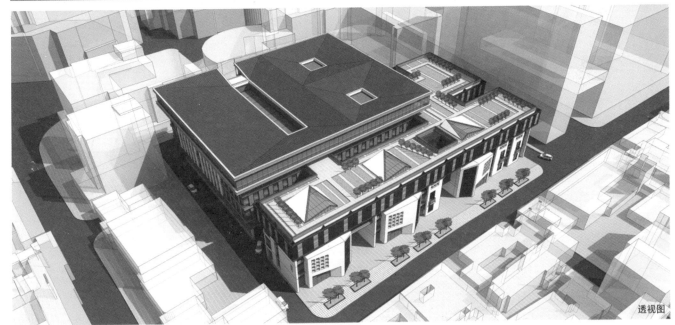

透视图

中国城市化史馆·清河文展中心设计
THE MUSEUM OF CHINESE URBANIZATION & QINGHE CULTURE AND EXHIBITION CENTER

　　该项目位于江苏省淮安市清河新区，由一幢主楼、二幢副楼、南北广场及南侧的景观长廊组成。总体布局上，建筑设计与景观设计有机结合，互为衬托，形成内外呼应的整体空间效果。建筑群通过中轴对称的布局手法，充分吸取传统中国建筑布局的特点，形成庄重大方、气势恢宏的空间效果。同时，通过对"水文化"和淮安历史名人、历史景点的挖掘，凸显淮安三河围绕、"运河之都"的地域特征和悠久的历史文化传统。

　　主楼外观设计借鉴传统建筑的特点，通过屋顶、三段式立面、菱形图案等处理，塑造具有时代特征和中国意蕴的建筑造型，整体效果简洁、洗练、大气。

　　设计中秉持当前可持续发展的理念，通过地源热泵、建筑太阳能一体化、雨水收集、屋顶绿化、部分钢结构等绿色技术，凸显关注生态、关注未来的理念，彰显新时代的城市化之路。

设 计 者：陈易　洪扬　丁宇新　张琳琳　刘力等
工程规模：36 000m²
设计阶段：方案至施工图
委托单位：淮安清河新区投资发展有限公司

透视图

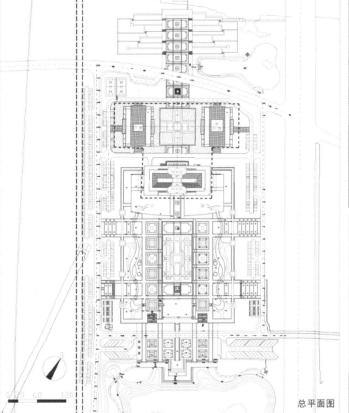

总平面图

局部透视图

局部透视图

日喀则地区科技文化展览中心及地区迎宾馆方案设计
ARCHITECTURAL DESIGH OF TECHNOLOGICAL & CULTURAL EXHIBITION CENTER AND YINGBIN HOTEL IN SHIGATSE

基地位于日喀则市西南部，顺势环山，位置显著。其在城市总体空间关系上与现有的宗堡、扎什伦布寺形成良好的序列。

通过实地调研可以得出本项目基地的基本特征如下：

1. 基地地势较为平坦，视野开阔，没有山包或凹陷，但在基地中部靠南存在东西向约一米高差的陡坡，形成两个类似台地的分布；

2. 基地北端较高的台地比东侧人工湖等区域也高出1米多；

3. 基地红线范围形状狭长，南北长而东西窄，南端短边临扎德路，东端长边临体育场与人工湖，两者之间仅存非城市道路，交通不便；

4. 基地南端沿街是近几年建成的雪炭工程项目，可加利用。

最终方案在上述分析的基础上，同时根据实际情况做出了相应的调整，基地北端约1万平方米的范围划归另一个项目所用。本项目范围占据了原基地的中部及南部，总平面布局既考虑了对沿街现有建筑的改造利用，同时又顾全了与东侧体育场的空间对应关系，以三个功能单体围合室外广场空间的方式形成自身的东西向轴线，并且拓宽原有道路，打通关键的交通流线，使得本项目的建筑群真正与城市生活紧密联系在了一起。

建筑单体则利用台地高差，消除北端及中部建筑与南侧沿街扩建迎宾馆本身存在的高度差异，强化了建筑群轴线布局的空间关系。建筑形态借鉴藏式建筑的元素，而又不拘泥于死板的复制，将西藏的民族文化蕴涵在现代的技术与材料表达中，达到时代性与地域文化的和谐统一。

设 计 者：常青　刘伟
工程规模：用地面积 44 000 万 m²　总建筑面积 32 000 万 m²
设计阶段：方案设计，建筑专业初步设计
委托单位：西藏自治区日喀则地区行政公署办公室

鸟瞰日景

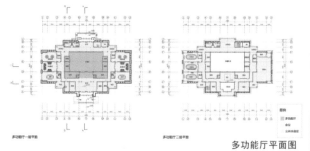

多功能厅平面图

多功能厅透视图

剖面图

总平面图

鸟瞰夜景

广场日景透视图

徐州市贾汪区承平路御龙湾滨水茶楼
THE WATERFRONT TEAHOUSE IN YULONGWAN, JIAWANG DISTRICT OF XUZHOU

　　项目位于徐州市贾汪区，基地东侧为承平路，南侧紧邻贾汪区行政服务中心，北侧是城市景观公园，西侧是东排洪道，占地面积约1 553平方米，建筑面积2 041平方米（地上部分：1 444平方米，地下部分：597平方米），项目拟作为御龙湾滨水景观带内的餐饮服务点。

　　在整体规划布局中，结合餐饮建筑自身的特点和要求，以及场地现有条件，将厨房区、散座区、包房区分层布置，同时又通过室内外公共空间将这些功能有序地组织在一起。设计通过在建筑内部设置庭院空间，不仅解决了地下一层空间的通风采光问题，而且丰富了建筑的空间层次。

　　建筑造型强调雕塑感与秩序感，突出建筑本身几何形体的虚实对比。在设计中通过将三条体量相当的建筑形体置于二层平台之上，保证建筑南北与东西向同时显得通透，将城市景观资源引入建筑内部，并使建筑更好地与周边环境融合。

　　建筑立面的处理上主要采用石材、青砖、玻璃、百叶格栅等材料，在充分强调建筑现代感的同时，体现出中国传统建筑的韵味，成为御龙湾滨水景观带内新的亮点。

　　在景观设计中，方案力图通过利用立体化的绿化景观空间丰富建筑自身的绿化景观层次，并使滨水景观公园的绿化景观得以延伸。

设 计 者：王一　徐政　张维　陈振宇
工程规模：建筑面积1 914m²
设计阶段：方案设计
委托单位：徐州玉龙湾餐饮文化有限公司

透视图

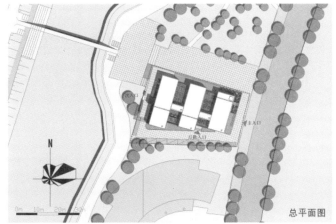

总平面图

透视图

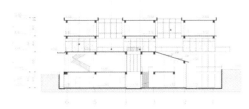

剖面图

透视图

南立面图

透视图

透视图

洞头城市规划展示馆 & 海悦城展示中心建筑方案设计
DONGTOU CITY EXHIBITION HALL & HAIYUE CITY EXHIBITION HALL ARCHITECTURAL DESIGN

　　洞头县位于浙江省温州市东部，是全国 14 个海岛县 (区) 之一，有"百岛之县"和"东海明珠"之美称。洞头城市规划展示馆 & 海悦城展示中心处于海、山、城的交汇处，地理位置优越，环境优美，交通便利。

　　本案以《匠人营国》篇描绘的九宫格型布局为蓝本，将建筑形体与传统城市规划理念巧妙融合，与城市规划母题相得益彰；总体造型吸取浙江民居及洞头传统风土建筑的特色，取意于"石屋"的建筑材料和色彩，力求融入当地环境氛围；以"门"的形象来喻示城市规划跨入新的起点，以传统符号表征历史文脉对于城市发展的重要意义，以现代化的建筑材料和简约手法，体现新时代城市规划背景下洞头县稳步前进的未来。

设 计 者：鲁晨海　刘欢
工程规模：总用地面积 4 722.69m²
设计阶段：建筑方案设计
委托单位：浙江省温州市洞头县

鸟瞰图

总平面图

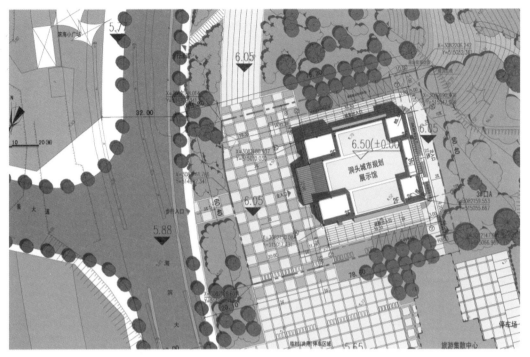

透视图

连云港BRT快速公交线路海州汽车站建筑设计方案
THE ARCHITECTURE DESIGN OF BRT TERMINAL STATION IN LIANYUNGANG

项目地块位于连云港市西部，现海州汽车客运站，鉴于现状交通功能，基地东侧为城市主要道路——幸福路，周边交通条件优越。

随着城市化的推进，连云港市新一轮城市建设中城市快速交通成为了建设的重点。积极推进连云港市 BRT 系统的建设，为市民提供快速、高效、便捷的公共交通服务成为了当务之急。在 BRT 系统的建设中，始末站的建设成为了重点。

项目地块南侧和北侧为市场建筑，西侧为二层的居民住宅区，周边建筑质量总体较差。通过对 BRT 始末站项目的建设，树立连云港市新的地标建筑，提高城市建设品质，是本次设计的一个重要目标。

从 BRT 快速交通系统的运营模式和实际使用需求出发，充分考虑交通的合理性和建筑功能之间的关联，从而合理处理建筑与交通流线、场地之间的关系，展现 BRT 快速交通的高效、便捷、现代的特征。

通过 BRT 快速交通始末站的建设，提高城市建筑品质和城市环境质量，对周边城市空间进行整合。

设 计 者：胡军锋　黄亦颖　吴颖
工程规模：用地面积 7 964m² 　建筑面积 3 500m²
设计阶段：方案设计
委托单位：连云港海通集团有限责任公司

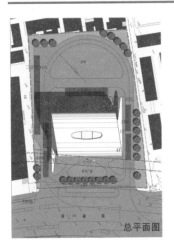

总平面图

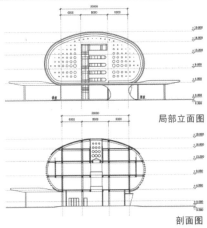

局部立面图

剖面图

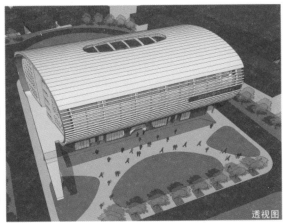

透视图

透视图

淄博市傅山村青少年活动中心设计
DESIGN PLAN OF FUSHAN YOUTH CENTER

傅山村青少年活动中心位于山东省淄博市高新区傅山村，是该村为丰富当地青少年的课余生活、完善公共服务设施的一项文化娱乐建筑。

场地：在总体布局上，项目主体建筑布置在基地中心，但设计了一条从主入口上空伸展出来的长尾巴敞开式门廊，把原有的游泳池和网球场区紧密地整合在一起，并与村镇道路建立直接的视线联系。

功能：内部活动空间从青少年教育和拓展入手，设计了多元化的学习和游艺空间，为不同活动提供可能。

形象：建筑形象由六种不同颜色的体块组成，寓意青少年时期丰富的活动和多彩的生活，体现了精致而富有活力的特点，又真实地反映了内部空间效果，贴合青少年活动中心的建筑类型特征，并成为该村的主要公共建筑景观。

室内：通过通高的共享大厅组织各功能空间，同时为青少年提供了交流和展示的场所。大厅内部坡道连接上下两层，增加了空间的趣味性和使用的便捷性，同时也丰富了使用者的观感。

材料：考虑到傅山工业发达的环境下空气中粉尘量较大，采用外墙玻璃马赛克作为外墙材料，以利于日常的维护。

设 计 者：支文军　徐洁　赵启博　王斌　施旭艳
工程规模：占地面积 11 550m² 　建筑面积 3 800m²
设计阶段：建筑方案设计 + 建筑工种扩初设计 + 室内设计
委托单位：山东省淄博市高新区傅山村村委

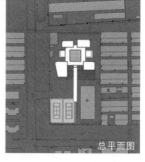

总平面图

南立面透视实景

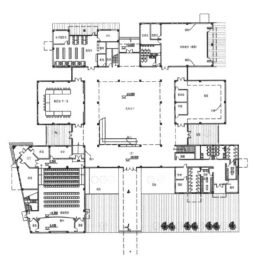

一层平面图

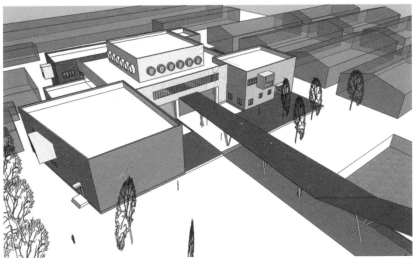

鸟瞰图

中庭实景

侧立面透视实景

入口雨棚实景

四川都江堰国际文化中心
THE INTERNATIONAL CULTURAL CENTER OF DUJIANGYAN, SICHUAN

　　地块位于四川省都江堰市，坐拥川西旅游环线和都江堰大道两大交通优势，西望都江堰风景名胜，复杂的场地环境和援建工程的特殊背景让我们试图寻找到一种传统的城市综合体和当地特色文化产业的完美融合。

　　我们在巧妙控制建筑体量的基础上，通过在建筑中插入三个自下而上不同高度的平台，既提供了良好的空间体验，又分别寓意稳重朴实的川西特色、时尚现代的海派文化以及紧密相连的手足之情。

　　在18米高度的平台上我们设置宽广的空中绿化平台作为文化产业功能的入口广场。在灯光的配合下，营造出"艺术之林"的奇幻效果。我们希望通过LED、投影等手段在建筑室内外各个层面，无论是墙面、屋顶、广场乃至建筑内部都将利用这些高科技的手段打造一场"光的盛宴"，为人们提供一种前所未有的视觉体验。并在42米高度的平台上，结合酒店接待大堂，设置其专属的室外庭院空间，以竹林、荷池为主题的景观设计，营造出一份宁静致远带有禅意的氛围。我们又将122米高处酒店和办公的空中结合体定义为"城市客厅"，在其中布置多功能会展大厅、酒吧、咖啡、餐厅、SPA、健身等功能，为办公和酒店乃至整个城市提供非同一般的观景休闲体验。

设 计 者：徐风　马长宁　王亮
工程规模：占地面积 12 600m²
设计阶段：方案设计
委托单位：上海精文置业有限公司

鸟瞰图

城市客厅透视图

透视图

透视图

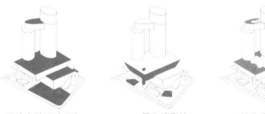

四块交融互动平台　　LED屏和投影墙　　绿化分布情况

总平面图

透视图

淄博市周村北门里小学西马校区
XIMA PRIMARY SCHOOL, ZHOUCUN

学校建设用地位于住宅区内，招生规模为 30 个教学班。根据校园用地相对急促的特点，设计强调紧凑的空间布局与简洁的功能流线。校区主要建筑集中于基地的西侧，东侧为体育活动区，实与虚两部空间，通过多功能厅及入口庭院的变化处理实现转折与有机衔接。建筑各功能部分依次由北向南和由西向东呈公共性与开放度逐步增强的趋势。教学、实验、管理、后勤生活与活动等五个功能区在有限的用地内既分区明确又联系紧密，十分有效地强化了整个学校的功能运作效益。

整个校园建筑以连续的线形形态在南北主要公共通道两侧展开，由此形成多个院落空间及不同的功能区域，空间结构清晰，形态完整舒展。主入口设于南侧中部，处于通往校园主要活动区的节点地段，集散作用突出。厚重的教学楼、通透的庭院、灵动的多功能厅以及敞开的运动场，呈现一幅生动而独特的校园景象。

设 计 者：吴长福　黄怡　程骁
工程规模：占地面积 3.05hm² 　建筑面积 19 330m²
设计阶段：校园规划、方案设计
委托单位：淄博市周村区教育体育局

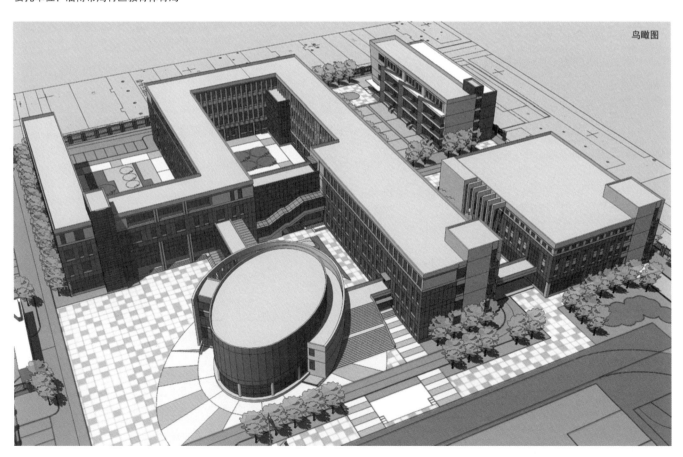

鸟瞰图

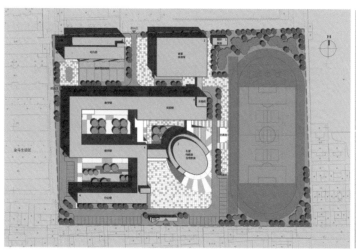

总平面图

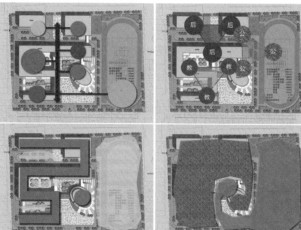

分析图

底层平面图

形态示意图

江苏省射阳县聋哑学校

THE SCHOOL FOR THE DEAF OF SHEYANG, JIANGSU

项目位于射阳县合德镇城北，规划用地面积 1.93 公顷，总建筑面积 7 792 平方米。设计强调秩序感，按照 18m×18m 的网格模数有序布置各功能组团，每个网格模数就是一个基本配置单元，可以容纳一个特定的教学单元。不同的教学单元之间是同样模数的内院空间。对于公共楼梯和卫生间，在服务半径内也按统一模数布置，通过一个圆弧曲线将各个功能单元围合起来，并通过南北向连廊将建筑整体联系在一起。

建筑造型追求雕塑感，突出建筑本身几何形体的虚实对比。特殊造型的窗口既像眼睛一样观察，又像耳朵一样聆听，通过使用形式感很强的建筑语汇，表达出聋哑学校的特点，使得建筑造型和功能特点相统一。

绿色生态体现在校园景观的整体设计之中。以建筑中央三层高的连廊作为公共景观空间体系的核心，深色石材墙面分隔连廊的室内、室外空间，通过在墙面上不同高度设置的空中花池和观景窗口，结合横跨连廊内外的空中平台，将室内、外，以及不同高度景观要素有机的组织起来，把阳光、绿化、空气等自然元素引入建筑内部。

建筑内院各具特色，有绿篱迷宫，有触摸方阵，有回音壁等，将特殊教育所倡导的内容融于景观设计中，并带有实际的使用效果。在入口景观设计中，将东侧的圆弧墙面作为景观背景，通过一系列的景框，形成弧墙内外景观的互相渗透。

项目获得 2012 年全国人居经典建筑规划设计方案竞赛规划、建筑双金奖。

设 计 者：王一　徐政　张维　陈振宇
工程规模：建筑面积 7 792m²
设计阶段：方案设计
委托单位：江苏省射阳县聋哑学校

透视图

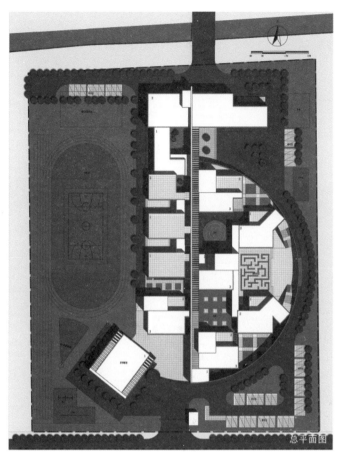

总平面图

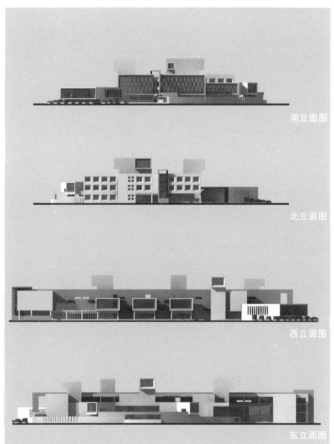

南立面图

北立面图

西立面图

东立面图

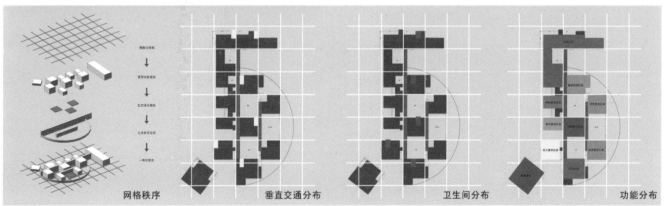

网格秩序

垂直交通分布

卫生间分布

功能分布

常熟东张中学
DONGZHANG MIDDLE SCHOOL, CHANGSHU

　　基地总用地面积约39 820平方米。中学招生规模30个班，功能由普通教室、专业教室、实验室、图书馆、400人报告厅、行政办公、教师办公、风雨操场及食堂等内容组成，中学总建筑面积约为21 173平方米。

　　项目用地较为规整，为南北长向的矩形用地，结合基地特征，将运动场地布置在基地的西南侧，建筑总体布局呈"7"字形，形成具有良好的空间围合感的布局形态，同时充分考虑了北侧沿城市主要道路的建筑形象，以及东侧学校主入口处的建筑空间形象。按照"整体整合、分区明确、动静分区、流线清晰"的原则，考虑各功能单元自身的独立性及相互关系，做到功能分区明确，在形象上着重突出其整体性。

设 计 者：谢振宇　胡军锋　吴一鸣　黄亦颖　吴颖　练思诒
工程规模：建筑面积 21 173m²
设计阶段：方案设计
委托单位：江苏省常熟经济开发集团

鸟瞰图

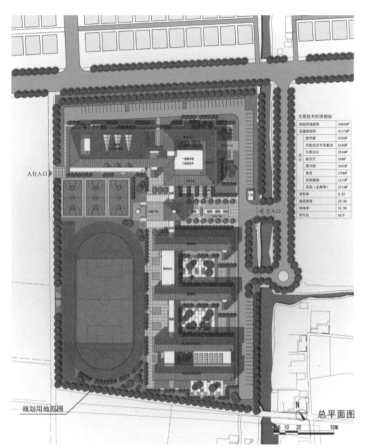

人行入口

主入口

主要技术经济指标	
规划用地面积	39820㎡
总建筑面积	31173㎡
教学楼	12909㎡
实验室及专用教室	5449㎡
行政办公	2318㎡
报告厅	549㎡
图书馆	1043㎡
食堂	2759㎡
风雨操场	1313㎡
其他（走道等）	2714㎡
容积率	0.93
建筑密度	20.5%
绿地率	35.9%
停车位	60个

规划用地范围

N

总平面图

0 5 10 20   50M

透视图

透视图

透视图

常熟市崇文小学和幼儿园建筑设计方案
THE ARCHITECTURAL DESIGN OF CHONGWEN PRIMARY SCHOOL & KINDERGARTEN, CHANGSHU

　　该项目坐落于常熟市区东北部。项目用地东侧紧临区域内主要道路华丰路，南侧为规划城市道路，基地北侧与西侧为新建住宅区。基地呈南北长向布局，用地平整，总用地面积约 3.8 公顷。小学招生规模 40 班，幼儿园招生规模 20 班。

　　在规划上，将幼儿园布置在基地南侧，小学布置在北侧。幼儿园和小学各自设有独立入口，互不干扰，且与城市道路有良好的视线和交通联系。在整体上，通过形体的处理将几个功能块整合成一个整体，从而形成多个围合及半围合的院落，并结合室内外活动空间的布置，大大提升了室外空间的品质及使用率。小学部分通过一条公共连廊将三部分建筑体量联系起来，引导使用者从入口到南侧教学区以及北侧活动区，同时形成学校主入口区的柱廊。入口的柱廊和玻璃幕墙、风雨操场的高窗、活动室的通高大窗，以及普通教学区教室的整齐开窗依次展开，统一中又富有变化，丰富了建筑造型，形成高低错落、形体变化、富于动感的整体形象。幼儿园部分的教学单元与专业教室、活动室、门厅被主要交通流线串联，形成"U"形的建筑平面布局。入口空间由外挂的活动室和楼梯间的处理而被限定，同时在立面上也有一定的起伏变化。重复的班单元通过不同彩色涂料的墙面来区分，强化建筑体量的韵律感，从而将周边分散的教学班单元整合起来，同时吻合幼儿园小朋友天真活泼的特征。

设 计 者：谢振宇　胡军锋　吴颖　李超　郑楠
工程规模：总用地面积 38 067m²　总建筑面积 33 740m²
设计阶段：方案设计
委托单位：常熟市教育局

鸟瞰图

小学透视图

幼儿园透视图

西南角模型效果

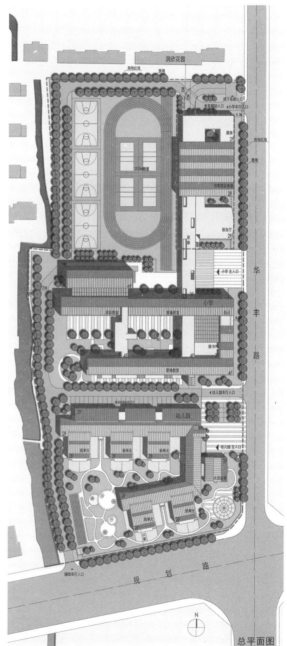

总平面图

常熟董浜徐市小学建筑方案设计
THE ARCHITECTURE DESIGN OF XUSHI PRIMARY SCHOOL, CHANGSHU

该项目拟建于常熟董浜徐市，为该区域的综合配套设施之一。基地现状为徐市中学，经过规划调整重建为徐市小学。

项目用地东侧紧临现状幼儿园及安庆路，南侧为现状河道里睦塘，西侧紧邻安康路，基地北侧为低层住宅。基地呈东西长向，用地平整，地势平坦，总用地面积约 4.75 公顷，其中建筑允许建设用地为 2.37 公顷。现状基地南侧有 3 棵保留的银杏树，靠近南侧里睦塘，形成良好的滨水景观。

小学 36 班规模，功能由普通教室、专业教室、图书馆、400 人报告厅、行政办公、教师办公、风雨操场及食堂等内容组成，小学总建筑面积约为 2.06 万平方米。

常熟董浜徐市小学的设计既要考虑小学整体形态、布局、空间及交通等方面的关系，同时需要兼顾在开发时对城市整体的影响，如交通、空间、景观等方面的因素。本项目的设计始终尊重城市设计要求和本着生态人本、简约高效、文化都市、公平利益的理念，着重塑造城市经济新区的群体建筑形象和城市生态环境。本方案以坡顶造型为主，通过现代技术和材料手段，通过整体的建筑形体组合，以及与环境融合的布局方式，塑造具有时代气息、尊重客观生态环境、变化丰富而简洁轻快的现代建筑形象。

设 计 者：谢振宇　胡军锋　黄亦颖　吴一鸣　吴颖
工程规模：用地面积 4.75hm²　建筑面积 20 500m²
设计阶段：方案设计
委托单位：常熟董浜徐市小学

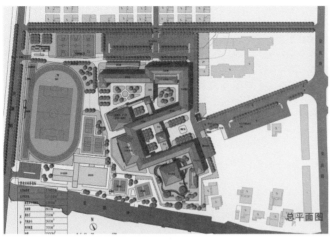

总平面图

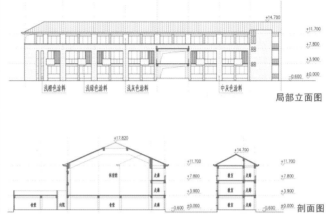

局部立面图

剖面图

透视图

莱芜实验幼儿园
LAIWU EXPERIMENTAL KINDERGARTEN

　　本项目位于山东省莱芜市城区东北角，汶水大街以北，滨河西路以西，南侧为已建成的滨河小区；基地周围环境优美，东侧紧贴城市滨水绿地，两条城市水系恰好在基地东南角汇合，宽阔的水面为营造绿色生态的幼儿生活学习空间提供了绝佳的机会。

　　考虑到幼儿的的活动规律和需求，建筑采用方便实用的分散式布局，把幼儿单元按照年纪大小分为三个组团，组团间形成不同内院，最大的院落朝向东侧水面开敞，创造出开阔活动场地。各个建筑空间均有自己的绿化内庭，室外空间渗透到建筑内部，使得绿化与建筑融为一体，给人以园林式的视觉感受。通过建筑二层平台可以抬高人的观察点，形成观景平台，增加了空间的趣味性，营造出错落有致的校园形象。

　　同时该项目充分利用自然环境，最大限度的利用自然采光、通风，引入自然景观；并利用雨水收集、太阳能、透水地面以及植被的合理搭配等技术手段，实现绿色生态的幼儿园设计。

设　计　者：李茂海　白鑫
工程规模：规划用地面积 20 000m² 　总建筑面积 10 000m²
设计阶段：方案设计
委托单位：山东省莱芜市教育局

鸟瞰图

组团透视图

活动区透视图

北孝义村

滨河小区

汶　水　大　街

西河路河

总平面图

平面图

入口区透视图

平邑县第一中学扩建项目
ARCHITECTURE DESIGN OF PINGYI MIDDLE SCHOOL

校园规划时将保留的原教学区和学生生活区就地扩展，形成120个班级的完整的高中新校区。在西侧新增用地上布置体育运动区。总体规划中将教学区和生活区的主体建筑大致对称布置，形成严谨紧凑的校园建筑群。在校园建筑密集区和体育运动区之间设置中央绿化景观区，有效隔离体育运动区对教学区的噪声干扰。在中央绿化景观区的主轴北端沿街设置校园主入口和校前区，从而形成校园的南北向"三轴"（中央景观主轴、建筑群主轴和体育场地主轴）和"五区"（校前区、中央景观区、教学区、生活区和运动区）。

教学区主要由120个教室的教学楼及专业教学楼组成，由三组年级教学楼组合，平行排列，其中两组为原有教学楼建筑，在教学区南端新建一组，形成三个各自独立的年级教学区。年级教学楼北侧新接专业教室和辅助用房（艺术类用房除外），包括两座实验楼和一幢科技楼，并延续原连廊与教学楼连接，可全天候方便学生的课间教室转换。科技楼顶部设天文教室（台），其富于个性的造型正位于教学区中心至高点，强化了闹中取静的教学区的主体地位。

学校自然地势南高北低，东侧原有水渠为校园水系统的引水提供了有利的条件。水系统依照自然地貌设置，各水面依场地高程或相连、或跌落、或以地下涵管相通，形成连续的校园水景系统。各景观水面穿行于学校各区之间，结合绿化形成有活力的校园景观。

设 计 者：李茂海　张毅
工程规模：占地面积 266 200m²　新建建筑面积 102 400m²
设计阶段：方案设计
委托单位：平邑县第一中学

图书行政综合楼

科技实验楼

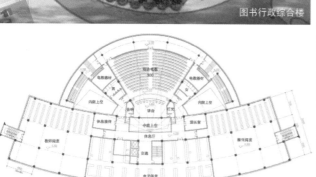

平面图

新教学楼

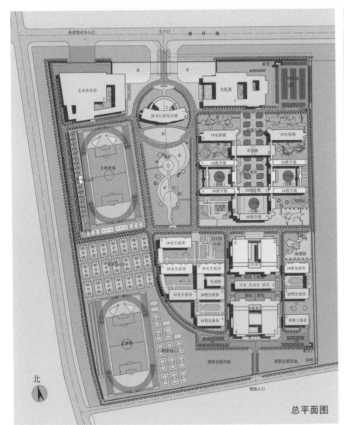

总平面图

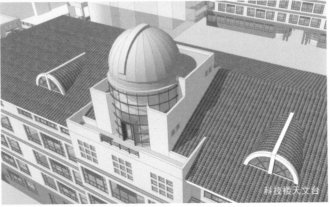

科技楼天文台

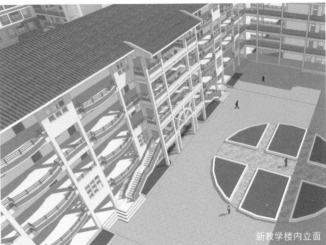

新教学楼内立面

学生礼堂

艺术体育馆

同济大学嘉定校区留学生及专家公寓方案设计

ARCHITECTURE DESIGN OF THE DEPATMENTS OF FOREIGN STUDENTS AND EXPERTS IN JIADING CAMPUS, TONGJI UNIVERSITY

本学生及专家公寓项目位于同济大学嘉定校区内部的景观大道与主车行路之间，临近教学科研楼。建筑群体平行周边道路走向，横向排列，由南往北依次是第一排公寓楼 2 号、第二排公寓楼 1 号和 3 号、第三排专家楼和公寓楼 4 号，一共 5 个楼栋组成。其中 1 号、2 号楼底部相连，3 号、4 号楼底部相连，形成两个"Y"字相对而生，它们均为 5 层高，而 9 层高的专家公寓则位于西北一角，成为整个群体的制高点。

地块出入口位于西北方向，紧邻教学科研大楼，通过三排建筑形成的两个自然通道，可以到达专家公寓、3、4 号楼底层门厅和 1、2 号楼底层门厅共计三处主要出入口。各个楼栋均设有第二紧急情况下所使用的安全出入口。在 1、2 号楼地下室设置自行车停车库，同时在专家楼地下室设置机动车停车库，供平时使用。

5 层的学生公寓内设置三类户型，分别为标准双人间、标准单人间和 Wohngemeinschaft(德文，译为：集合宿舍)，其中集合宿舍里提供 6 个小单间共享 2 个卫生间以及 1 个大客厅的模式，目的在于加强学生之间的课余文化活动交流，增进彼此了解，共建和谐校园氛围。9 层的专家公寓内设置较大的一房一厅的户型，除底层外每层 6 套，底层 2 套，其余部分为门厅和必要的服务功能。

本项目在 2013 年第五届上海市建筑学会建筑创作奖评选中，荣获优秀奖。

设 计 者：李振宇　卢斌　李都奎
工程规模：占地面积 20 449m²　总地上建筑面积 30 000m²
设计阶段：方案
委托单位：同济大学

鸟瞰图

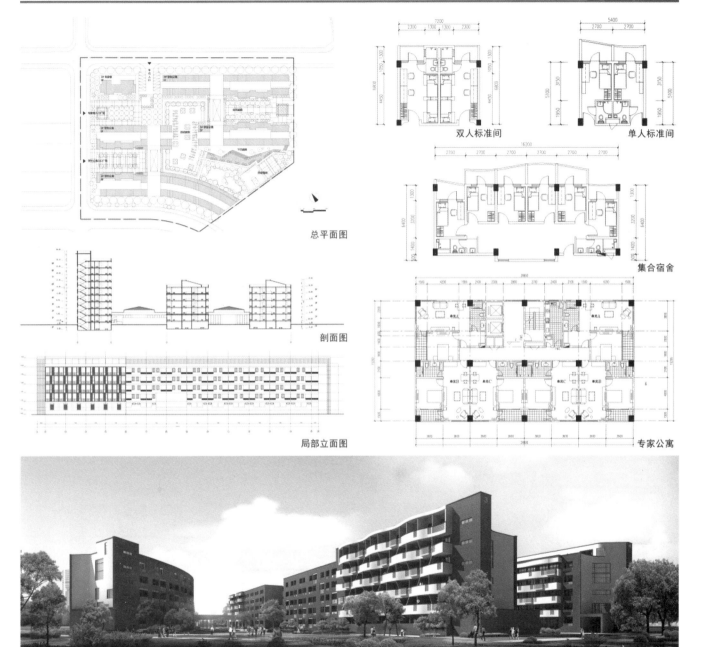

总平面图

双人标准间

单人标准间

集合宿舍

专家公寓

剖面图

局部立面图

透视图

安徽省庐江中学新校区规划及单体建筑工程
PLANNING & DESIGN OF LUJIANG SENIOR MIDDLE SCHOOL, LUJIANG COUNTY, ANHUI PROVINCE

庐江中学是百年老校,新校区景观"筱湘湖"取名就是纪念创立者卢国华先生(字筱湘)之意。庐江中学新校区(高中部)位于城东新区的中心地段,北临新区主干道城东大道,南临晨光路,东临经五路和新河河道,西邻经四路和中心景观湖区。占地 16.9 公顷 (254 亩),为不规则矩形,南北长东西短。总建筑面积 96 308 平方米 (含地下自行车库 5 772 平方米)。地势东部整体较高,西部整体较低,利用地势高低差可以做自行车半地下自行车库。

庐江中学新校区满足庐江中学高中部三个年级学生 (每个年级为 1 500 人) 及其教职工人员使用,总人数为 4 500~5 000 人。根据学校的用地特征和功能要求,主要分为 4 大区:即教学科研区、学生生活区、体育活动区、综合区。主入口 (1 号主校门) 设置在南面,其设计也适合学校主广场的空间特性,开放式无顶的校门能使人们具有良好地视线领略学校的风采。2 号校门面对城市新区主干道城东大道,南北两个入口同时位于主轴线上,空间序列更为明确。3 号校门为辅助入口,设置在中部食堂的东侧,能很好地为学校日常生活服务,并作为会堂外借的出入口。道路设置主要分为车行道、人行道和消防车道,车行道主要沿场地外围布置,内部仅设少量次车行道,交通便捷、相对独立、避免过多的穿插和干扰。人行系统主要通过各个功能广场组织,满足交通和活动双重作用。沿建筑周边车道均可作为消防车道,能方便地到达每栋建筑物周边施行扑救。利用基地内四个性质不同的校前广场、校主广场、艺术广场、体育广场,以及三个有个性的图书馆、艺术楼、体育馆建筑,加强主轴线的感染力和提供组织各种活动的适合场所。

设 计 者:吴庐生 戴复东 贾斌 彭杰 秦夏平 丁宇新 叶玉琳 沈复宁
工程规模:总建筑面积 96 308m²
设计阶段:方案设计、初步设计、施工图
委托单位:安徽省庐江县庐江中学

庐江中学新校区东南鸟瞰图

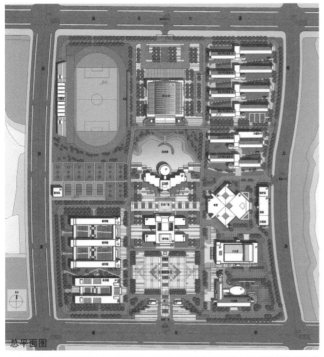

总平面图

教学楼东南面外观透视图

科学馆东南面外观透视图

图书馆东南外观透视图

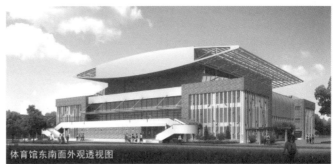

体育馆东南面外观透视图

行政综合楼西南外观透视图

食堂西南外观透视图

越南河内兴安大学城概念规划（国际投标）
CONCEPTUAL PLANNING OF THE UNIVERSITY CITY FOR HUNG YEN IN HANOI, VIETNAM

越南河内是一个建立在简单构架上的复杂综合体。沿着街道各种综合使用的功能创造了城市轴线两侧充满活力多姿多彩的城市生活。而大学是一个开放的知识交流与沟通的场所。这个项目临近老城，有着维护情况较好的城市环境，大学城的新建为城市带来了许多潜在的机会，但也面临着诸多问题：城市被高架隔离，缺乏辨识度，基础设施不完备。在设计过程中如何处理新老建筑之间的关系，减少对周边环境的影响也是主要的挑战所在。

大学城规划设计有以下四大特点。

连续：树形结构，以东西向林荫大道为基础，校园组团的各部分分开发展；

混合：多种功能混合，建立一种生态、动态和创造力并存的环境；

网络：无缝网络的大学组团，连接两条主要的交通轴线；

识别性：街道商业文化的生态环境，充满智慧的大学城，人与自然的和谐共处。

设 计 者：李振宇　董怡嘉　吴黎明　卢斌　唐可清　阮维庆

工程规模：占地面积 1 700hm²

设计阶段：概念规划

鸟瞰图

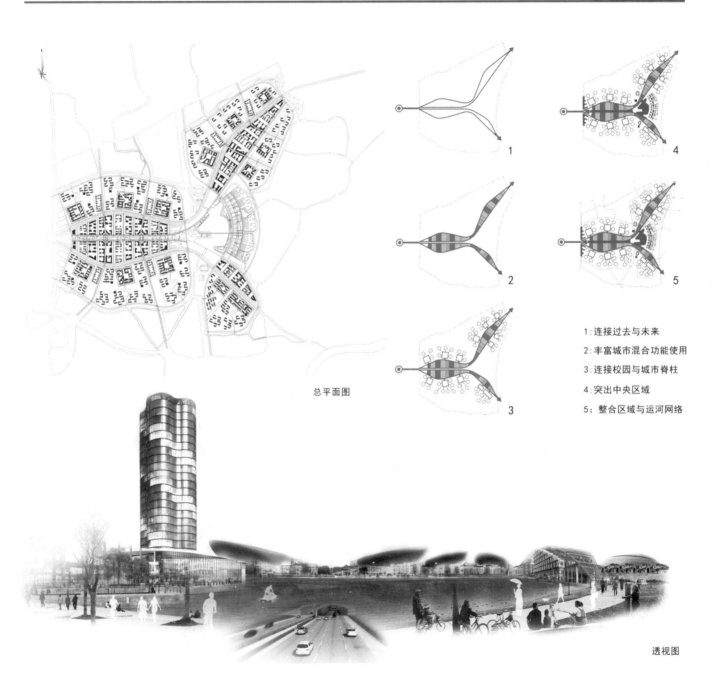

总平面图

1：连接过去与未来

2：丰富城市混合功能使用

3：连接校园与城市脊柱

4：突出中央区域

5：整合区域与运河网络

透视图

陕西省白河县高级中学规划与建筑设计
PLANNING & ARCHITECTURAL DESIGN OF BAIHE SENIOR MIDDLE SCHOOL IN SHAANXI

　　白河县高级中学新址位于白河县城狮子山开发区西北面的低山斜坡上，平均坡度达 40° 以上。校园的选址与建设能够为城市的长远发展带来积极的推动力，是未来新城区建设的重点区域，其高度位置也使得学校成为东面狮子山景区的重要景观对景。

　　学校运动场布置在用地中部偏南的山凹中，其东侧利用挡土维护结构建造综合楼，以此为核心，北侧依次为教学区和教师生活区，南侧为学生生活区。南侧的学生生活区由 A、日两幢学生宿舍以及中部的学生食堂构成；教学楼由三幢相联的普通教室楼和一幢专用教室构成教学综合体，提供了 127 间标准教室和 17 套实验室。从总体上来看，规划布局形成从东到西的教学—教学辅助—运动三个层次，从南到北依次是学生生活区—入口—教学区—文体教学区—教工宿舍五个层次。

　　在合理的功能布局的前提下，规划设计中形成了以纵贯南北的主体道路为轴线的主体景观带，在这条景观带两侧利用地形的起伏变化形成丰富的平台与踏步景观。几条轴线关系不仅仅是建筑群体组织上的秩序，同时也强化了学校与外部城市景观的联系。

　　设计充分地尊重地理条件和人文环境，借鉴和发挥当地建造特色，尽最大可能减少对环境的破坏，以实现环境和建筑的可持续发展。建筑室外空间变化丰富有趣，外部空间不强调对地形的改变，具体建筑结合地形的空间处理变化丰富，建筑尺度与山体及周围环境较好地融为一体。

设 计 者：孙光庙　刘彬
工程规模：规划用地 15.87hm² 　建筑面积 10.27 万 m²
设计阶段：规划、建筑方案设计
委托单位：陕西省白河县教育体育局

鸟瞰图

总平面图

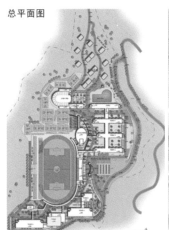

透视图

剖面图

透视图

透视图

安徽宿州逸夫师范学校新校区规划设计方案
PLANNING DEDIGN OF THE NEW CAMPUS OF THE NORMAL SCHOOL IN SUZHOU, ANHUI PROVINCE

　　安徽宿州逸夫师范学校新校区位于宿州市教育园区内，规划建设用地面积450亩（约30公顷），总建筑面积为156 150平方米。新校区规划拟建设5 000人规模的全日制高职院校，在3~5年内建成集学前教育、综合艺术、社会服务为一体的学前教育高职院校。

　　规划设计结合基地现状和地域气候条件，采用"因地制宜"的建设方针。根据宿州逸夫师范学校的功能和98%的女生特点，突出"外秀中慧"的校园规划理念，体现厚德博爱、启蒙尚美的幼儿师范学校特色，塑造环境幽雅并充满书院气息的校园文化氛围；规划设计注重校园建设的特点，功能分区合理、满足分期建设的要求，体现了校园整体发展的集约型、生态型、可持续性和可控性，使其成为宿州教育园区的典范。

设 计 者：颜宏亮　陈妙芳　邵征　吴波　阮文展
工程规模：规划用地面积 30hm²
设计阶段：规划设计投标（一等奖、中标）
委托单位：安徽宿州逸夫师范学校

鸟瞰图

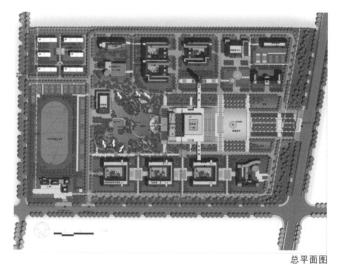

总平面图

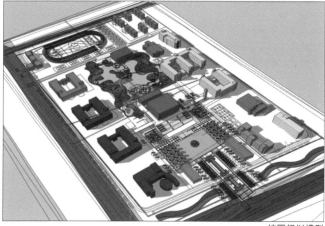

校园规划模型

校园入口透视效果图

行政楼

学生宿舍

生活服务中心

云南省昭通市委党校规划与建筑群体设计

PLANNING AND ARCHITECTURAL DESIGN OF ZHAOTONG MUNICIPAL PARTY

　　新校区总体规划综合考虑建设目标、功能、用途,基地地形环境及当地有关部门所提的建设要求和标准等因素,确定以"园"为核心,体现现代化、网络化、园林化、地域化、生态化和可持续化原则。

　　总体空间组织上着意创造层次丰富,形式多样的空间形态,每组建筑群形成各具特色的庭院空间,以层次生长、空间序列、多样复合等手段完成从室内空间到公共活动空间的过渡,为全校师生提供充满活力、富有人情味的交流场所。

　　景观特色上强调生态环境的保护利用与营造,以街河组织空间,使党校融于一片生态公园中,形成绿树成荫的党校景观。党校中部开挖形成具有宽阔湖面的中央生态环境。校区西边缘为城市退缩用地,成为绿化隔离带,既展示党校风貌又削弱城市对党校的噪声影响。形成开阔集中水面,以及蜿蜒别致,跌宕错落的河岸,成为党校的中心景观,树立新世纪生态型党校的形象。保持土方平衡,把开挖水系的土方用于平整土地,调整基地中不合理的高差,形成完整的基地地形。对河道与建筑、道路及绿地交界处作一定的亲水空间处理,如平台、水榭、满足人的亲水性,提供更多有趣味的交往空间。

　　整个新校区按花园式、生态型党校进行建设,建筑群体结合云南昭通本地的地域特色,和当地历史建筑龙云故居的文脉延续,以传统建筑文化的当代表达为主题,建造垫样统一曲建筵登落风整。

设 计 者：涂慧君 (项目负责人, 主设计)　李楚婧 (建筑)　刘永璨 (结构)　刘瑾 (给排水)　谭立民 (暖通空调)　王昌 (电气)
工程规模：占地 10hm^2　总建筑面积 31 770m^2
设计阶段：方案—施工图—建成
委托单位：中共昭通市委党校

鸟瞰图

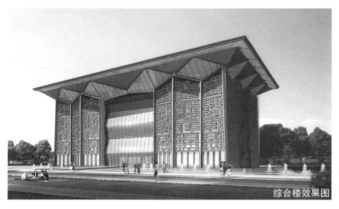

综合楼效果图

综合楼实景图

多功能馆效果图

多功能馆实景图

学员宿舍效果图

食堂及门厅实景图

学员宿舍实景图

食堂及门厅效果图

教学楼效果图

金寨县委党校暨安徽金寨干部革命传统教育学院规划设计
PLANNING AND DESIGN OF JINZHAI PARTY SCHOOL OF THE CPC CENTRAL COMMITTEE, ANHUI

基地总体背山面水，南北为地形起伏的山地，北部为城市景观河道与滨水绿地，北、东、西三侧环路，交通便捷。在用地上基地由中部山地分割为东西两部分，与基地外西侧山地共同形成基地的主体山林，进而形成北、东、西平地组成的可作为主要建设用地的谷地，相对高差 30 米。由于基地主要可建设用地位于山体北侧，朝向上先天不足。

规划充分利用基地背山面水、坡谷结合的条件，建筑、道路、景观、绿化等各类元素系统整合，与基地地形有机融合，化不利为有利，将地形作为建筑的组成要素进行整体布局设计。总体上采用中国传统风景建筑的布局手法，既有开敞大气的广场空间，也有曲廊回环的庭院空间，更有游憩与点景融合的山林空间，在空间上形成鲜明的个性特征。此外，充分考虑学院的可持续发展要求，满足近期开展干部培训需求的同时，通过分期与用地契合，生活区与教学区分期共享为后期延伸扩展留足空间。

建筑设计依山就势，主体建筑水平舒展，两侧升高，中间开阔，山体凸显，雄浑与秀美间，将建筑与山体融为一体，通过赋山体以精神，使自然与人工契合，超越形体而形神兼备。建筑单体后现代古典主义与乡土地域风格相结合，既以大屋顶展现建筑的气势，又通过虚实对比，通过透明材料反映建筑的现代感，细部节点处理更体现了金寨的地域风格。

设 计 者：李瑞冬　李伟　范嘉乐
工程规模：总用地面积 79 340m² 建筑面积 34 120m²
设计阶段：方案设计
委托单位：金寨县城镇开发投资有限公司

鸟瞰图

总平面图

宿舍东立面图

宿舍北立面图

宿舍南立面图

宿舍透视图

主入口透视图

主楼东立面图

主楼北立面图

主楼南立面图

合肥工业大学国际学术交流中心
INTERNATIONAL ACADEMIC EXCHANGE CENTER, HEFEI UNIVERSITY OF TECHNOLOGY

项目地块是合肥工业大学三大校区之一的南校区的一部分，基地位于合肥市中心区南一环路（屯溪路）与马鞍山路交汇处西南向、合肥工业大学校区东北角。地处合肥城市中心区，为传统的城市政务区和商务区，周边政务、商务氛围浓厚，未来客源吸纳能力较强。基地北侧和东侧过于靠近高架立交桥，且地块整体面积不大，退让空间有限，项目内外衔接交通组织难度较大。

该基地紧靠城市主干道，与区域核心商业广场仅一街之隔，又坐拥合肥工业大学本部优美的校园环境。但与此同时，周围紧张的城市界面和交通环境又对本项目又是一个极大的挑战。为此提出了"城市之窗"的设计概念，设想利用一种装置来综合调解复杂的城市环境带来的机遇与问题。这些被称之为城市窗口的装置为局促的基地现状提供了难得的缓冲空间和眺望城市景观的平台。"城市之窗"不仅体现了该建筑城市新地标的定位，同时又象征着它作为学术交流窗口的根本作用。

考虑到大学校园建筑的学术氛围，无论从内部空间组织还是外部形态，处处体现学术韵味。"竹简"的意蕴被转译为建筑立面的形态构成，诗意便悠然而生：当一片片宽窄不一的薄板在阳光下踩着跳跃的节奏时，不由得使人联想到大学悠久的文化背景和深厚的学术底蕴。

设 计 者：孙彤宇　赵玉玲　雷少英　吴慧　孟祥皓
工程规模：占地面积 9 660m²　总建筑面积 57 340m²
设计阶段：方案设计
委托单位：台肥工业大学

透视图

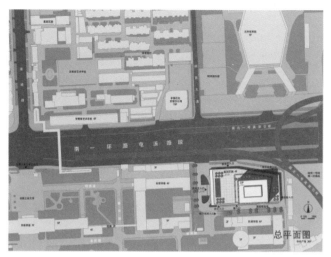

总平面图

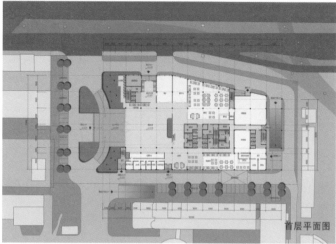

首层平面图

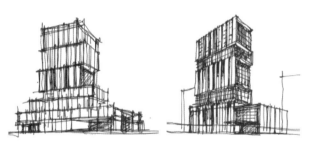

形态构思草图

透视图

鸟瞰图

东营奥体中心
DOYING SPORTS CENTER

东营奥体中心项目选址位于山东省东营市东城东三路以东、南二路以南、胜利大街以西、奥体路以北，总用地面积 450 345 平方米（不含 10 米及 10 米以上道路绿化用地），包括体育场（包括标准运动场及标准训练场）、体育馆、游泳馆、预留网球中心、训练场以及为奥体中心配套的管理中心、停车场、全民健身广场、公园绿地等服务设施和配套设施。

奔之势——体育建筑的磅礴气势：体育中心地处南展区核心地带，整体规划紧扣河海二字，奔腾的建筑造型塑造出一组气势磅礴的建筑群，提升整个地块的标志性。

流之韵——水体景观的流动神韵：建筑单体依水而建，宛如水体的建筑造型与生态水系相得益彰，营造出宜人的休闲空间。

融之舞——河海相融的和谐之舞：体育场造型取自海的理念，宛如水中贝壳水母，熠熠夺目，体育馆、游泳馆和网球中心如同河水中跳跃出三朵浪花，奔向大海，与体育场一起舞动出河海相融的城市乐章。

设 计 者：钱锋　汤朔宁　曹亮　林大卫　赵铸　徐烨　余中奇
工程规模：总建筑面积 113 152m²
设计阶段：方案设计
委托单位：东营市体育局

鸟瞰图

鸟瞰图

游泳馆效果图

体育场效果图

体育馆游泳馆效果图

体育馆透视图

安顺体育中心
ANSHUN SPORTS CENTER

　　安顺体育中心，是一项完善城市功能、构建区域可持续发展格局的重要体育基础设施建设，具有体育比赛、体育训练、大型集会、健身、休闲、文艺娱乐、会展等多种功能。该中心建成后会成为安顺市开展各类体育活动和广大市民健身娱乐、休闲游艺的中心场所。

　　古语素有"江南千条水，云贵万重山"。但在人杰地灵的安顺，既有屯堡——石板铺成画卷，石头垒就石墙；又有黄果树——白水如棉不用弓弹花自散，虹霞似锦何须梭织天生成；还有万亩油菜花，花开四季迎八方来客。

　　奇石秀水花舞安顺，体育中心设计传承文化谱新章，一朵奇葩绽放。

　　安顺体育中心整体规划似流水环绕石林，整体地貌跌宕起伏。

　　建筑单体如奇石林立，既有瀑布飞流直下之气势，又有花瓣纷繁绽放之多姿，建筑设计鬼斧神工，宛若天成。

　　场地景观铺设贵州盛产石板铺地，凸显屯垦遗风。

设 计 者：钱锋　奚凤新　蒋若薇　张溥　田玉龙
工程规模：总建筑面积 69 628m²
设计阶段：方案设计
委托单位：安顺经济技术开发区管理委员会

鸟瞰图

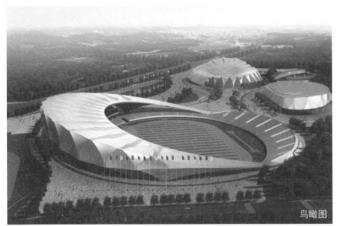

鸟瞰图

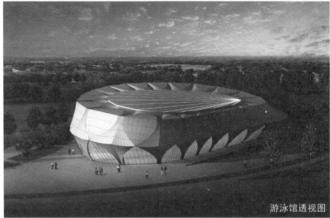

游泳馆透视图

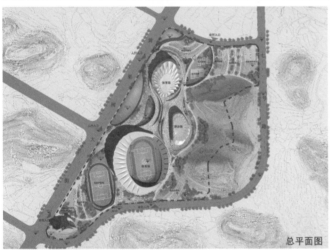

总平面图

体育馆透视图

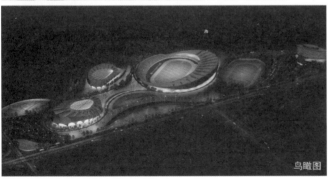

鸟瞰图

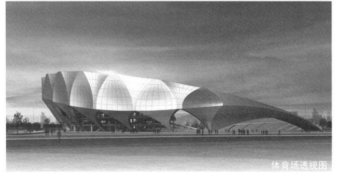

体育场透视图

曲阜市奥林匹克体育中心规划建筑设计项目
ARCHITECTURE DESIGN OF QUFU OLYMPIC SPORTS CENTER

　　儒风——弘扬儒家文化，作为儒家学派的创始人，孔子所提倡的"礼"、"仁"、"德"，是促进社会和谐的核心思想，他也是我国第一位提倡体育的教育家，"志于道，据于德，依于仁，游于艺"，两千多年来，孔子提倡的寿夭观之养生之道、嬉戏观之休闲娱乐活动，对古代以及近现代体育的发展都有着深远的影响。

　　曲韵——体现传统神韵，建筑意向融入了中国传统建筑屋顶的曲线特征，利用现代化的技术和材料，通过正反曲线的巧妙结合，浑然一体，宛由天作。同时，以曲阜的"曲"字为意，象征曲阜市未来经济与文化建设的有序发展。

　　场馆造型紧扣"儒风曲韵"的主题，利用现代的材料和设计手法，去表达传统的建筑意向，体育中心场馆的形态既整体严谨又动感有机，既体现了现代体育建筑的高科技特点，又展现了曲阜市深厚的历史文化底蕴。实现建筑造型与空间结构、传统和现代的协调统一。体育场、体育馆和游泳馆沿主轴线布置，场馆间以广场相联系，结合体育中心的景观系统，形成建筑与景观交相辉映的城市美景。

　　造型设计理念不仅仅是形态寓意，同时也紧扣场地关系，强化建筑与周边场地的呼应。体育中心以体育场为主体，也是主轴线上的核心，其余场馆依次沿广场布置，强化规划主轴线，凸显体育场的标志性。

设计者：钱锋　汤朔宁　曹亮　张溥　罗宇　王倩　肖葬　罗国夫
工程规模：总建筑面积 66 790m²
设计阶段：方案设计
委托单位：曲阜市体育活动中心

鸟瞰图

体育馆鸟瞰图

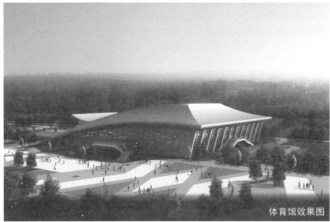

体育馆效果图

鸟瞰图效果图

体育场效果图

鸟瞰图

鸟瞰图

即墨体育中心
JIMO SPORTS CENTER

即墨市位于中国山东半岛西南部，东临黄海，与日本、韩国隔海相望，南依崂山，近靠青岛。设计力求将充满现代元素的体育建筑，融入到即墨市悠久的城市历史文化背景中，结合体育建筑本身以及建筑所在场地的特点，进行综合和优化的设计。

设计取义"墨彩石韵"，结合体育中心的设计重点表现以下两个方面：

墨彩——弘扬中国文化和地方特色。流经即墨的墨水河始于隋朝，相传古人练字洗笔于河中，致水色墨黑而得名。墨水河的悠久历史孕育出即墨特有的地方文化和城市风采。基地内场馆的布局以及屋顶上采光天窗的处理犹如墨彩一般，潇洒自由。

石韵——凸显历史底蕴和时代精神。即墨的马山石林，笔直挺拔，排列紧密，恰似一片密林，蔚为壮观。"崂山只及马山腰"，生动地刻画出了石林的壮丽场景和历史底蕴，富有韵律感的石林肌理与建筑造型完美融合，打造出具有即墨特色的体育建筑。

设 计 者：钱锋　汤朔宁　林大卫　徐烨　赵铸　程东伟
工程规模：总建筑面积 55 906m²
设计阶段：方案设计
委托单位：即墨省级经济开发区蓝色新区管理委员会

鸟瞰图

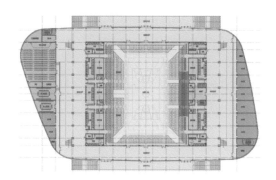

体育馆平面图

体育馆透视图

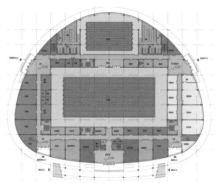

游泳馆平面图

游泳馆鸟瞰图

鸟瞰图

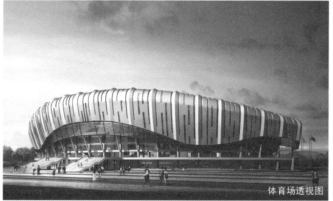

体育场透视图

赣州奥体、会展中心规划与建筑方案
PLANNNING AND ARCHITECTURE DESIGN OF GANZHOU SOPRTS & EXHIBITION CENTER

　　赣州奥体、会展中心是一项完善城市功能，构建区域可持续发展格局的重要体育基础设施建设，具有体育比赛、体育项目训练、举办大型体育运动会、群众健身及运动休闲活动、文艺演出和娱乐、文化艺术品展销与商贸会展等多种功能。该中心建成后不仅能成为我市开展各类体育活动和广大市民健身娱乐、休闲游艺的中心场所，而且也能在经济、旅游、文化交流与宣传及发展文化体育产业等方面产生多种效能。

　　珠——体育场、体育馆、游泳馆、网球馆、会展、文化艺术中心建筑单体似一个个明珠串连在章江江畔；

　　围——赣州是客家摇篮，建筑围合出三环组团，似客家围屋：外实内虚、外简内繁；

　　翠——基地依山傍水，奥体中心绿意盎然，人工景观与自然景观交相呼应；

　　绕——江水绕赣州，翠景绕奥体中心，场馆单体绕景观活动广场。景观、活动穿插，人文、体育、艺术相得益彰。

　　珠围翠绕——场馆三环相围，场地山水围绕，创造赣州城市新景观。

设 计 者：汤朔宁　钱锋　奚凤新　刘洋
工程规模：总建筑面积 202 204m²
设计阶段：方案设计
委托单位：赣州城市开发投资集团有限责任公司

鸟瞰图

三馆鸟瞰图

体育场透视图

三馆鸟瞰图

鸟瞰图

三馆透视图

兖州市体育中心
YANZHOU SPORTS CENTER

　　兖州体育中心项目选址位于山东省兖州市城西，兖州市政府西侧，荆州路以西、九州西路以北、建设西路以南，总用地面积 266 667 平方米，包括体育场、体育馆、游泳网球馆、体校以及与体育中心配套的停车场、全民健身广场、公园绿地等服务设施和配套设施。

　　体育场通过金属板与聚碳酸脂耐力板形成折面状的造型，以形成玉石琢磨的寓意。整个形态既整体严谨又动感有机，既体现了现代体育建筑的高科技特点，又展现了现代奥林匹克运动精神的激情。体育馆通过金属板形成折面形状，北侧入口处采取出挑屋檐的形式，在功能上创造了半覆盖的入口灰空间，在形态上增加了体育建筑的张大和动感。体育馆东西两侧的金属面板覆盖至二层楼板高度，以下采用玻璃幕墙。体育馆北侧采用折面形状落地，与屋顶造型连成一个整体。

　　游泳网球馆由南北两个体量穿插而成，北侧为游泳馆部分，南侧为网球馆部分。

设 计 者：钱锋　赵铸　刘轲　奚凤新　林大卫　贾鑫
工程规模：总建筑面积 93 791m²
设计阶段：方案设计、初步设计、施工图设计
委托单位：兖州市体育运动服务中心

鸟瞰图

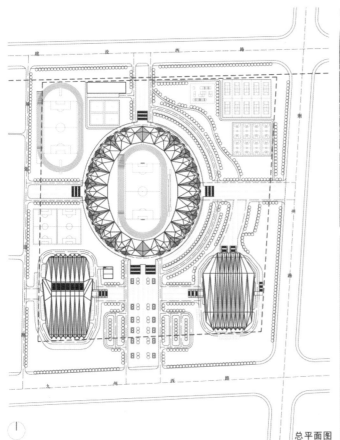

总平面图

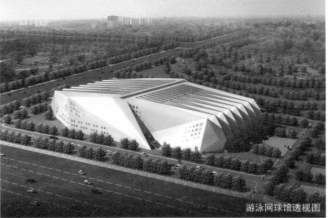

游泳网球馆透视图

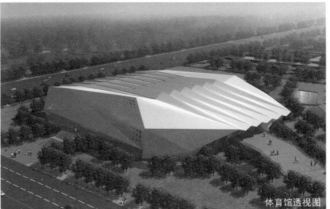

体育馆透视图

体育场透视图

山东省第二十三届运动会配建场馆建设项目
ANCILLARY FACILITIES OF 23TH SHANDONG SPORTS MEETING

　　山东省第二十三届运动会配建场馆建设工程项目选址于山东省济宁市北湖生态新城规划范围内，基地位于南外环路以北、轩文路以西、荷花路以北、知遇路以南，总用地面积 580 633 平方米。基地内已建成体育场和变电站。

　　山东省第二十三届运动会配建场馆建设工程项目包括体育馆、游泳跳水馆、射击射箭馆、能源中心以及与场馆配套的训练场、停车场、全民健身广场、公园绿地等服务设施和已建变电站的外立面改造。

　　总体空间形态空间设计，采用向心的布局结构，各个场馆及景观主轴成放射状排列，单体自身呈多边形的不规则形态，从而体现动感活泼的体育运动精神特征。建筑群整体呈内高外低、外宽内窄的形态，产生强烈内聚感和向心性，空间自成体系。为呼应体育场立面构成风格，新场馆的建筑造型语汇均采用多面体切割的处理方式，这种充满力度感的造型手段，与基地镜面水轴的水景结合，外壳如同珠宝切割面，呈现出卧于水面的三颗放射状宝石形态。珠宝晶莹璀璨，如同城市的颈环，在天际中闪烁着红、蓝、黄三色光彩。

设 计 者：钱锋　汤朔宁　徐烨　曹亮　刘珂　程东伟
工程规模：总建筑面积 89 626m²
设计阶段：初步设计、施工图设计
委托单位：济宁市第二十三届省运会筹备工作领导小组
合作单位：斯构莫尼建筑设计咨询（上海）有限公司

鸟瞰图

综合馆室内

体育馆透视图

游泳馆室内

游泳馆透视图

射击馆室内

射击馆透视图

大英县体育中心建筑设计
DAYIN SPORTS CENTER

　　大英县体育中心基地位于城市北侧，南临郪江，北靠自然山体，地块南、西、东三侧均有规划道路通过，总用地面积 10.48 公顷。体育馆地理位置优越，交通便利，环境优美，是展示大英县文化体育事业发展和新城区良好形象的窗口地带。

　　大英县体育中心由体育馆和射击馆两大部分组成。体育馆定位为国家体育建筑乙级标准，可容纳固定观众席 3 034 座。射击馆定位为国家体育建筑乙级标准，设置有 10 米靶场、25 米靶场、50 米室外靶场以及 50 米室内靶场各一个。体育中心具有良好的多功能性，能满足承办省级综合性运动会、全国性单项比赛及全民健身的功能需要，同时具备休闲娱乐、旅游服务等配套功能，将建设成为集竞技赛事、全民健身、文化娱乐、休闲旅游、经贸商展及大型文艺演出为一体的综合性体育公园。

设 计 者：钱锋　汤朔宁　林大卫　喻汝青
工程规模：总建筑面积 32 105m²
设计阶段：方案设计、初步设计、施工图设计
委托单位：大英县文化产业园区管理委员会

鸟瞰图

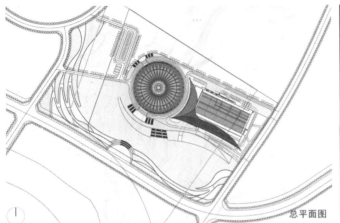

总平面图

体育馆透视图

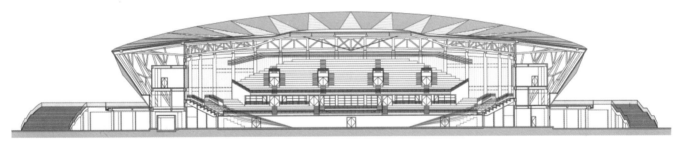

体育馆剖面图

总体透视图

沁水县全民健身中心
QINSHUI PUBLIC FITTNESS CENTER

　　沁水县全民健身中心基地位于城市东侧，南临县河和滨河路，地块四周均有规划道路通过，总用地面积 44 486m²。项目整体规划按照"一轴一心，两区互动"的空间结构进行设计，从而形成鲜明的时代特征。

　　"一轴"：以南北向景观广场为主轴线。地块内部设计有南北向贯通的景观步行广场，将体育馆部分和商业部分串联起来，形成互为关联的整体。

　　"一心"：以体育馆为核心。体育馆位于地块东侧，由金属板和玻璃组成的立面新颖而独特，其整体建筑造型统领着整个地块的规划走向。体育馆屋顶部分呈螺旋状，在南侧向西延伸，覆盖住下部的三层商业部分，使体育馆部分和商业部分连成一个有机的整体。"两区互动"：为使本项目真正成为促进城市整体活力的重要元素，设计综合考虑了体育设施与城市整体环境的有机融合，采用功能互动的策略。

　　"明玉傍水"——全民健身中心地块位于沁水县城市东部，南侧面向县河，其建筑立面采用金属面板与玻璃相结合的形式，整体造型晶莹剔透，犹如一块明亮的宝玉落于沁水河畔。

　　"沁舞飞扬"——整个地块由体育馆部分和商业部分组成，其屋面以绵延的形式相连成为整体，飞扬流动的建筑形态如同飘带轻舞，又如河水蜿蜒，体现了体育运动的蓬勃生命力，也凸显了沁水县依水而建的城市历史文化，又寓意了沁水县城市发展的勃勃生机。

设 计 者：钱锋　汤朔宁　刘洋　赵铸
工程规模：总建筑面积 47 785m²
设计阶段：方案设计、初步设计、施工图设计
委托单位：沁水县国土资源局

鸟瞰图

鸟瞰图

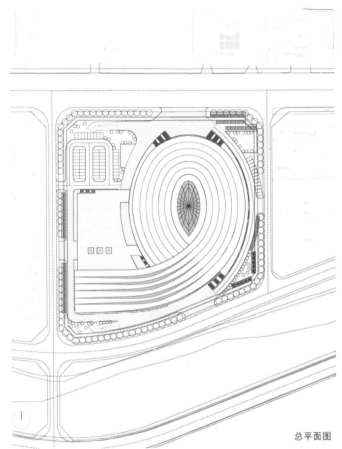

总平面图

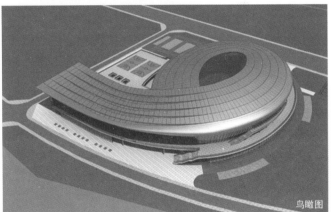

鸟瞰图

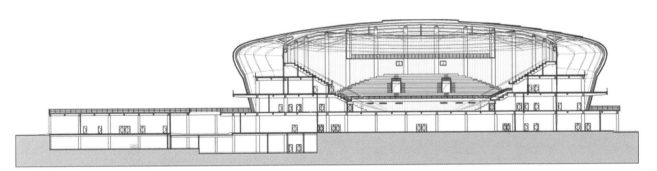

剖面图

遂宁市网球中心
SUINING TENNIS CENTER

遂宁市网球中心基地位于河东区东平大道西南、慈航路以西、五彩缤纷路东北 (C–40 至 C–49 地块)，基地东西长约 430 米，南北宽约 407 米，总用地面积 17.57 公顷 (263.8 亩)。网球馆位于地块东侧，规模为 5 236 平方米，可容纳观众 830 人，能够举办亚运会级别的网球比赛，同时具备健身锻炼等功能。

根据"时代性、标志性、地方性"的设计构思，在造型上，采用新颖轻巧的结构形式，屋面铺设光洁的金属屋面，有强烈动感和曲线美。建筑立面延续弧线造型，采用金属板和玻璃两种材质，具有较强的时代感和层次丰富的夜景效果。通过建筑、结构、技术、经济的有机结合，形象地体现了体育建筑的内涵和特性。

网球馆外轮廓采用接近矩形的平面，在建筑西侧布置了可容纳两片标准网球场的比赛厅，沿着比赛厅北侧和东侧布置了场馆运营、裁判、媒体、贵宾和运动员等功能用房。

设 计 者：钱锋　汤朔宁　赵铸　罗国夫
工程规模：总建筑面积 6 041m²
设计阶段：方案设计、施工图设计
委托单位：遂宁市河东开发建设投资有限公司

鸟瞰图

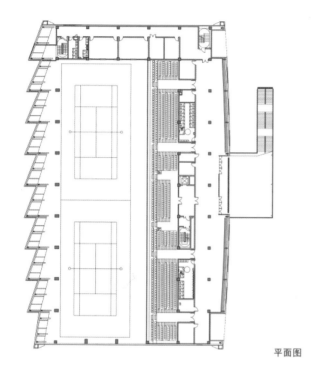

平面图

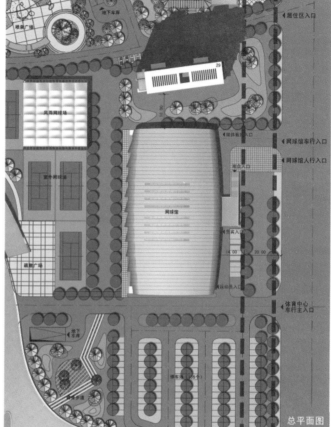

总平面图

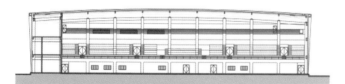

剖面图

立面图

透视图

昆明翠湖公园北门地块规划与建筑方案设计

LEISURE STREET AT NORTH AREA OF KUNMING CUIHU PARK

翠湖，是昆明城市中心最为核心的公共空间，也是昆明历史的浓缩、生活的凝练和文化的记忆。

本项目紧邻翠湖岸线，基地内部有历史建筑袁嘉谷旧居、王九龄旧居，并与云南大学隔路相望，总建筑面积约 4.2 万平方米；作为翠湖的重点功能提升区，本项目定位于"最昆明"的慢生活顶级时尚中心。

总体设计概念传承并拓展传统的空间组织精髓，对云南独特院落空间结构进行解构和重建，并由单体空间向集群空间及街区空间进行延伸，建构极具场所感和参与性的当代昆明顶级休闲街区。规划采用垂直设计，设置了地上和地下两套街巷系统，经由性格各异的节点空间，在中央位置交汇形成多层次的立体中心景观广场，融合下沉空间和地面广场的双重特征，形成背依袁嘉谷旧居，面向翠湖公园的核心场所。

"城市别开仙佛界，楼台妙在水云乡"。设计采用相互关联、层叠错落的平台系统，构建了一个高下相迎、俯仰生趣的互动式空间体系，借助多样化的外向与内向、动态与静态空间的起承转合，使得建筑可以与周边场景和翠湖公园进行最积极的对话，以此达成"在风景中看建筑，在建筑里赏风景"的诗意氛围。此外，设计中大量"架空"、"边庭"和"缝隙"等"灰"空间的存在，也打破了建筑内、外部空间之间的直白相对；采用等级化的建筑立面设计策略，确立了由开放至私密的四个不同立面开放等级，来应对基地周边复杂的空间环境。

设 计 者：徐甘 李瑞冬 李熙万
工程规模：占地面积 33 000m² 总建筑面积约 42 000m²
设计阶段：方案设计
委托单位：昆明市五华区国有资产投资经营管理有限公司

鸟瞰图

总平面图

透视图

剖面图

立面图

立面图

透视图

透视图

透视图

透视图

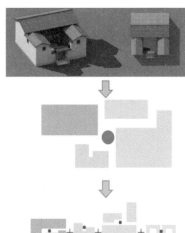

透视图

透视图

杭政储出（2011）32号地块项目（"上河天地"项目）

H.Z.C.C (2011) NO.32 PROJECT ("THE HEAVEN ALONG THE TIVER" PROJECT)

杭政储出（2011）32号地块项目位于杭州市区北部拱墅区桥西单元（桥西D-33地块），项目紧贴桥西历史街区，东邻京杭大运河，南至登云路，西至小河路，北至刀剪、伞博物馆扩容区块。地块西侧为规划高层公建，西南面为在建住宅项目"凯德视界"，南侧隔着登云路为已批住宅用地。本项目以尊重历史文化环境和提升运河沿岸生活品质为前提，力图创造本地区富有时代特征，融汇消费文化和环境共生的社区商业中心。

1. 组织大小建筑体量，理顺整个街区的实体秩序，实现开发容量和保护协调的双赢。

2. 营造基于江浙特征的"城市院巷"外部空间，融入拱宸桥西历史文化保护区的空间网络。

3. 汲取"宜人细腻丰富"的杭州城市空间和建筑尺度特征，塑造富有个性的多元建筑形态和丰富空间界面，切合项目的商业定位和空间品质。

4. 发展周边保护建筑的"黑白灰"色彩和细部神韵，创造有质感和文化品味的新运河建筑体验。

设 计 者：庄宇　黄凯　康晓培　蒋方圆　张馨匀　王阳　陆文婧　赵磷

工程规模：占地面积 17 000m²　总建筑面积 90 000m²

设计阶段：方案设计

委托单位：杭州天瑞置业有限公司

鸟瞰图

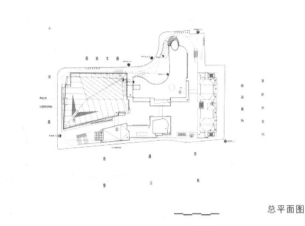

总平面图

透视图

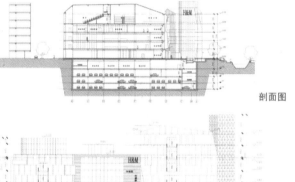

剖面图

局部立面图

透视图

透视图

芜湖翰金国际商业广场方案设计
ARCHTETURE DESIGN OF WUHU HAN KING INTERNATIONAL COMMERCIAL PLAZA

　　翰金国际商业广场根据当地商业需求和建造环境出发,以打造现代化的商业综合体作为设计目标,规划设计集商业大卖场、精品商店、餐饮娱乐、电玩、健身、大型电影厅等一体化功能空间并成为当地的商业地标。建筑空间融入内街及内广场以提供给顾客良好的一站式购物和消费场所。建筑立面风格时尚、现代、简洁。建筑色彩在整体暖色调中富有层次、光影和局部亮色构件的对比变化以营造出浓郁的商业建筑氛围。

设 计 者：刘敏
工程规模：建筑面积 70 000m^2
设计阶段：方案阶段
委托单位：芜湖点金置业有限公司

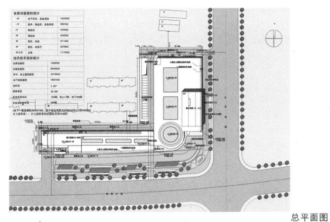

总平面图

透视图

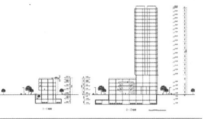

剖面图

南立面图

透视图

永修湖西农贸市场建筑方案设计
THE ARCHITECTURE DESING OF HUXI MARKET IN YONGXIU, JIANGXI

基地位于江西永修县新区、东侧为新华路、南侧为南山路、西侧为白莲南路、北侧毗邻小学，用地面积约为 44 710.15 平方米。

本项目的设计主导思想：从商业功能的需求本质及城市空间品质的提升角度出发，对基地进行规划设计。通过对城市界面、商业广场、商业街道的塑造，达到整合城市公共空间的目标。在对商业市场建筑设计中，做到商业界面的最大化、单元空间的灵活组合，强调商业空间的公共性和均质性。

在设计主导思想的指引下，具体到本项目的设计原则如下。

1. 商业界面的最大化原则：充分利用内部道路，使得沿街商业界面达到最大化，提高商业价值。

2. 业态配置的多样性和灵活性原则：设计提供不同建筑面积、进深的商业铺面，为不同的业态提供多样化的最优化选择。

3. 交通组织的便捷性、高效性原则：基于市场运营的特征，设计中充分考虑市场交通的便捷性和实用性，同时通过局部二层商业的连廊，在部分区域形成二层立体的步行系统。

4. 建筑形态的时代性原则：设计不拘泥于建筑使用性质，在形态造型上充分体现出当代市场商业的个性。

设 计 者：谢振宇　胡军锋　黄亦颖　吴一鸣　吴颖
工程规模：用地面积 44 710m² 建筑面积 69 600m²
设计阶段：方案设计
委托单位：江西新子欣地产有限公司

鸟瞰图

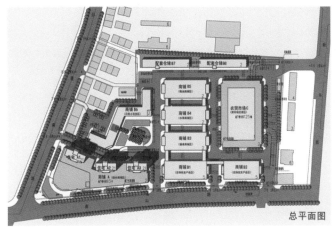

总平面图

透视图

局部立面图   剖面图

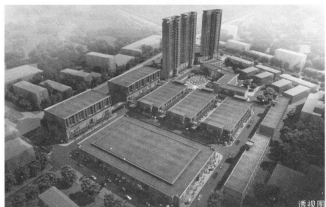

透视图

透视图

南京金融城二期规划方案
NANJING FINALCIAL CITY II

南京，地处长江下游，是承东启西的枢纽城市，国家重要门户城市，华东地区中心城市和重要产业城市。

河西新区，是南京金融、商务、商贸、会展、文体五大功能为主的新城市中心，以滨江风貌为特色的城市西部休闲游览地，是现代文明与滨江特色交相辉映的城市新中心和现代化国际化新南京的标志区。其中，河西CBD是华东地区第二大中央商务区。

南京金融城二期工程位于南京河西CBD二期南端，并位于南京青奥轴线的显著位置，项目总建筑面积约为82.8万平方米，占地面积约6.5万平方米，将会设置5—6栋塔楼，其中最高建筑限高480米。将成为南京最高点，城市新地标。

空地，筑城，裙房呼应车行出入口，塔楼作为中轴线的高潮收尾，已确定的商务办公楼位置，进行高层风模拟，景观设计围合出流线，动线与广场。近处体验，是城的丰富多姿。远处观望，是晶体的鲜明醒目。

设 计 者：钱锋　汤朔宁　奚凤新　祝乐　蒋若薇　张溥　田玉龙
工程规模：总建筑面积 828 030m²
设计阶段：方案设计
委托单位：南京金融城建设发展股份有限公司

鸟瞰图

室内效果图

鸟瞰图

鸟瞰图

裙房效果图

金种子生态产业园
JINZHONGZI ECO INDUSTRIAL PARK

　　金种子生态产业园文化园区规划建筑方案包括新建办公研发中心、酒文化博物馆和会议及生态旅游接待中心，方案立足文化与技术的融合，把基地打造成以中国白酒文化为特征的著名工业生态旅游产品，探讨"酒文化展馆增识＋酿造技术领略＋白酒生产探源＋庆典购物消费"的新型旅游模式。

　　方案从金种子播撒大地的意象和金种子酒口感绵柔特点出发，把"种子"作为造型元素，建筑以柔和的曲线为主，流畅而现代，建筑单体空间柔和、明朗，富有动感的形体赋予场地积极向上的现代感。

　　规划打破园区与城市的界限，水岸长堤一方面强调轴线，使办公研发中心成为对策；另一方面与老厂区联系，方便厂区观光交通，清晰的组织使不同性质人流井然有序。基地空间整体、开放，建筑与周边景观渗透、交融，打造真正意义的"观景建筑"和"景观建筑"。景观设计延续建筑现代风格，通过道路、植被、广场及构筑物，构画出富有韵律感的线形景观元素，结合场地高差的立体景观布局给游客丰富的场地体验。

设 计 者：胡向　磊王琳
工程规模：占地面积 307 700m²
设计阶段：方案设计
委托单位：金种子酒业股份有限公司

鸟瞰图

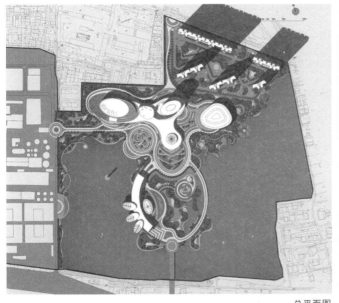

总平面图

透视图

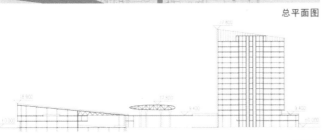

剖面图

立面图

立面图

透视图

青岛德国企业中心生态园概念方案设计
CONCEPTUAL DESIGN OF THE GERMAN CORPORATE CENTER ECOLOGICAL PARK IN QINGDAO

青岛德国企业中心生态园项目地块位于青岛中德生态园核心规划区域内。青岛中德生态园由中德两国政府支持在青岛经济技术开发区内合作建立，旨在加强、加深两国在经济领域的合作，推动工业生产领域的可持续发展、实现高能效的建筑、为未来经济的可持续发展提供支持。青岛中德生态园位于青岛经济技术开发区北部，北接黄岛北部新区，南靠青岛国际生态智慧城，西依小珠山风景区。已通车的胶州湾跨海大桥作为直接通往中德生态园的高速公路从园区穿过，距流亭国际机场、青岛北客站约 40 分钟车程，交通便利，区位条件优越。

本项目地块位于中德生态园核心规划区域幸福宜居岛组团东南角，河洛埠水库西侧，现状团结路北侧，地块南侧已建成中德生态园接待中心。地块地势起伏，为台地地形，覆盖丰富来自溪流地表水。规划建设用地 4.42 公顷。地块现状生态环境良好，本设计依托原有水系与地势，将安装金属百叶外立面的德国企业中心嵌入由火烧板大理石外立面的形体围合成的院落，辅以大片顺应地形的林地。形成暗合"金、木、水、火、土"五行文化要素，统领建筑意味，促进中德文化相生。

设 计 者：李振宇　唐可清　卢斌　李洁　常琦
工程规模：占地面积 4.42hm²　总地上建筑面积 66 879m²
设计阶段：概念方案
委托单位：青岛中德生态园联合发展有限公司

鸟瞰图

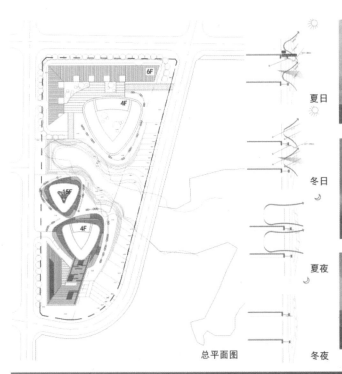

总平面图

夏日

冬日

夏夜

冬夜

剖面图1

剖面图2

剖面图3

透视图

中国驻德国慕尼黑总领馆馆舍新建工程
ARCHITECTURE DESIGN OF THE CONSULATE · GENERAL OF CHINA IN MUNICH, GERMANY

中国驻慕尼黑总领馆位于德国慕尼黑市西南部 BaierbrunnerStrasse，距市中心广场约为 6 公里，距慕尼黑城市环路 1 公里，交通便利。

总领馆及官邸建筑有特殊性。既要有安全和私密的考虑，又要适合外交官之间的交流活动，因此要重视外隐内显。总领馆既是总领事及馆员居住之处，也是在交往中展示中国文化的重要场所，应既体现所驻地的风土人情与文化特色，同时具备中国文化的涵义；为宾主提供谈话的题材，有品赏的空间和余地。

总领馆设计方案体现了三大特色：双合院布局、"中国案几"造型元素及"品字形"围合空间。在空间布局上由总领事官邸、办公综合楼、馆员住房和领事部构成，提取精炼具有中国特色的建筑形式，空间上塑造院落的神韵，形式上运用墙体建筑语言。同时，运用比较传统的建筑材料塑造现代形式，形成新的粉墙黛瓦风格。立面主要材料为石材、白抹灰、青砖和木装修。建筑形体轮廓分明，虚实相间。建筑语言避免过于具象的符号拼贴，适应当代美学。

本项目在 2013 年第五届上海市建筑学会建筑创作奖评选中，荣获佳作奖。

设 计 者：李振宇　王志军　卢斌　张子岩　唐可清　单超
工程规模：占地面积 22 000m²　建筑面积 7 992m²
设计阶段：施工图
委托单位：中华人民共和国外交部

鸟瞰图

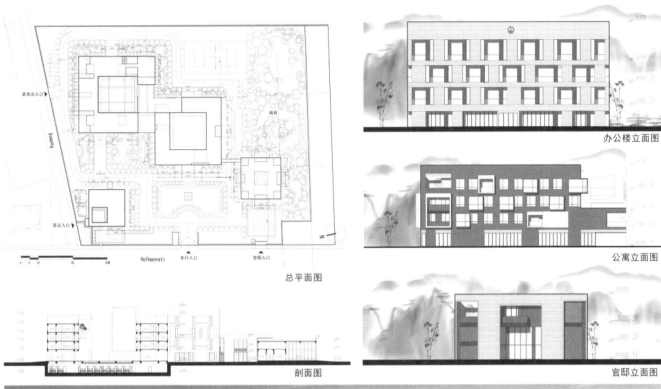

总平面图

办公楼立面图

公寓立面图

剖面图

官邸立面图

透视图

中国商飞总部基地
COMAC HEADQUARTER

中国商飞总部基地位于世博 B 片区，总建筑面积约 13.3 万 m²。1 号楼主楼地上 26 层，附楼地上 10 层，地下 3 层，建筑高度为 119.95 米。地上主要功能为办公及办公辅助空间，裙房一二层沿博城路设置商业。地下设置设备房及停车库，地下二层局部设置商业。2、3 号楼地上均为 10 层，地下 3 层，建筑高度为 47.50 米。地上主要功能为办公及办公辅助空间，一层沿规划一路设置商业设施。地下设置餐厅、会议中心、设备房、停车库。

建筑单体使用统一的造型元素，根据自身独特的位置，朝向，功能进行变化。建筑对入口大堂、商业空间、拥有良好景观朝向的会议空间都进行独特的强调与阐释。建筑塔楼朝向南侧的城市广场，展现出独特的形式与恢宏的姿态，成为区域内的中心地标，凸显了中国商飞总部在区域中的重要性。

为了满足规划对建筑立面玻璃比例的控制，办公空间使用经过特殊设计的石材幕墙立面。内庭空间，商业空间及拥有良好景观朝向的会议室使用通透的玻璃幕墙。石材幕墙与玻璃幕墙对比强烈。石材立面被玻璃幕墙切割成不同的形状，在街道空间内展现连续变化的建筑造型，玻璃幕墙向内退进，创造出宜人的入口空间。

设 计 者：钱锋　汤朔宁　曹亮　林大卫　刘洋
工程规模：总建筑面积 133 000m²
设计阶段：总体设计、施工图设计
委托单位：中国商用飞机有限责任公司
合作单位：德国 GMP 国际建筑设计有限公司

透视图

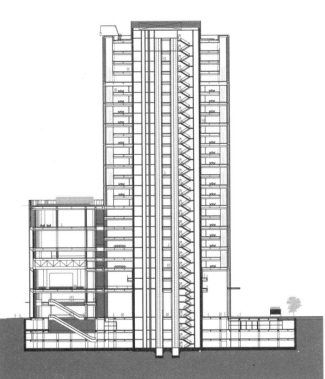

剖面图

鸟瞰图

室内效果图

透视图

大连金州新区小窑湾行政办公区规划设计
URBAN PLANNING OF XIAOYAOWAN ADMINISTRATIVE OFFICE AREA, JINZHOU NEW DISTRICT, DALIAN

大连金州新区小窑湾位于大连开发区建成区与金石滩国家旅游度假区接合部，是沿黄海发展轴的重要战略节点，是大连市北进战略和沿海经济带建设的核心区之一。大连金州新区小窑湾行政办公区位于地块位于小窑湾的中心地带，临近大连辖县位置，定位为小窑湾国际商务区的行政服务中心。

大连有1 900公里海岸线，大连文化具有明显的海洋文化特征，表现在城市形态、建筑风格都呈现兼容并蓄的多样性风格，因此海洋文化是大连历史文化中的重要组成部分。主体建筑的南北两侧高层利用其片状的形态，将原本略显厚重的建筑体量分解成九片层叠的薄板，呈现出层层叠叠的船帆意象，以呈现海洋文化的提炼和升华。体现大连作为环渤海经济区的圈首、东北亚商贸、金融、资讯、旅游的中心，与海洋的密切联系，也蕴含新区政府领导全区扬帆远航，驶向成功的寓意。

根据小窑湾公共中心区的总体规划，行政办公中心用地在国际商务中心区的中心位置，以一条南北向的轴线向北贯通CBD核心区直至南侧的小窑湾水域。作为整个中心区的中心轴，设计中延续该轴线，行政主楼布置在地块轴线正中，两侧辅以较低的办公楼群，主楼高度定为80米，面宽约145米，宽阔的主立面在横向上突出主体建筑的庄重感和仪式感，同时争取最大的南向面，以提高寒冷地区的建筑节能性能。

设 计 者：钱锋　杨峰　赵铸
工程规模：总建筑面积174 090m²
设计阶段：方案设计
委托单位：大连金州新区规划建设局

鸟瞰图

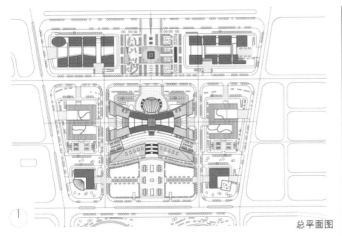

总平面图

透视图

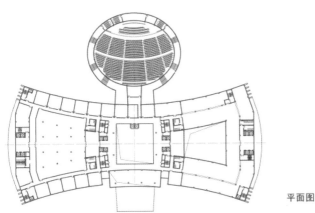

平面图

透视图

透视图

阜矿集团总部及配套区项目
FUKUANG GROUP HEADQUARTER AND SUPPLEMENTARY PROJECT

　　阜矿集团总部及配套区项目位于阜新玉龙新城规划高铁站西南侧、阜矿集团高铁站前区综合开发项目的最西侧，北至高铁路、南邻玉龙路、西至人民大街、东至阜矿一路。基地北距"京四高速"阜新市北出口约6公里，紧邻"京沈高铁"客运站，交通区位优势明显。基地西侧的人民大街是阜新城市的主动脉，也是连接高速北出口的城市迎宾道，通过玉龙路连接东部的阜新蒙古族自治县；基地北侧高铁道路为阜新高铁站前主要的疏散道路。向南与辽工大北校园区毗邻，向西紧邻玉龙新城核心区，通过玉龙路向东与阜新市高新技术产业片区紧密连接。

　　办公区地块主楼地上28层，建筑总高度为125.90米。主要功能为办公，另外包含1个避难兼设备层（位于第13层）。办公楼地面共6层。主要功能为商务中心、办公、会议以及餐饮等。地下一层为机动车、自行车停放及设备用房。

　　住宅区地块基地净建设用地面积为77 460.02平方米，整体地形较为平坦。北边为规划阜新市高铁站；东侧为弃置地；基地南侧为新建阜新市图书馆；西南侧为玉龙新城核心区的行政办公区。住宅区内规划有联排别墅、多层住宅、高层住宅以及会所等功能。

设 计 者：汤朔宁　钱锋　孙晔　张艳　赵晓萍　徐烨
工程规模：总建筑面积 213 349m²
设计阶段：方案设计、初步设计、施工图设计
委托单位：阜新矿业集团房地产开发有限责任公司

鸟瞰图

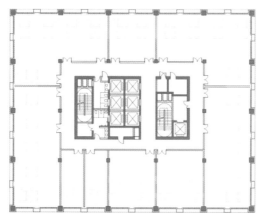

平面图

会所沿街透视

住宅组团透视图

办公楼透视图

沿街透视

延安新区行政中心
ADMINISTRATIVE CENTER OF YAN' AN NEW DISTRICT

延安现有的城市格局严重制约了城市的发展。新区"上山建城"的战略承载了城市发展的新梦想。行政中心区位于新区行政轴线北端，规划用地规模 116 公顷。

设计采用"五星合抱"的设计概念，五角星具有"胜利"、"平等"、"合作"、"团结"、"进取"的含义，与延安独特的文化气质也具有强烈的关联，充分反映了其作为革命圣地的角色。五栋围合向心的塔楼构成群组，形成磅礴气势，以开放、欢迎的姿态展现于群山之间，表达凝聚、平等、民主、开放的意义。

建筑色彩体现端庄、沉稳的气息和延安当地特色，以土黄色花岗岩为基调，局部红色的运用谕示着延安的红色传统。

设 计 者：陈强　陈剑如　等
工程规模：建筑面积 708 000m²
设计阶段：竞赛

鸟瞰图

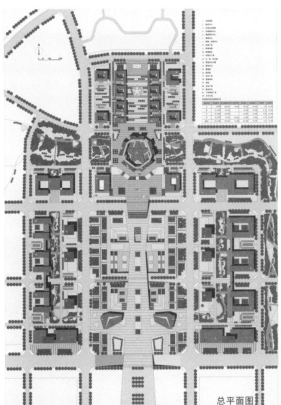

总平面图

透视图

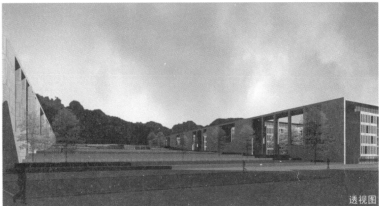

透视图

透视图

河南建苑综合开发项目建筑方案设计
ARCHITECTURAL DESIGN OF JIANYUAN COMPLEX OF HENAN

河南省建设厅大楼基地位于郑州市东部郑开大道南侧，距离郑东新区约 16 公里。

一、 建设之门，都市之薨

由于用地条件的限制和功能面积的需求，决定了本地块设计的建筑体量走向——沿东西向展开的板式高层。为避免建筑形体过长造成对城市的压迫，本方案用一个宏伟中正的"建设之门"与环境对话，形体大气雍容，同时也表达了一种开放谦逊的态度。

二、雄健厚重，汉魏遗风

建筑的形体由方形切割而成，整体雄健厚重，线条干劲有力。建筑的南北面及"门"内的立面采用玻璃幕墙；东西面及"门"的基台采用石材幕墙。材料虚实对比清晰，"大门"的基台与护壁厚重沉稳，正面与内部通透开放。底层入口自六层直坡而下的玻璃中庭意指汉魏建筑意象。

三、悬空内院，高技节能

在大进深的建筑顶部设置内院，在不破坏建筑形体完整性的前提下引入自然的采光通风，为内部的办公人员提供一个舒适的休憩环境。

本设计希望在保证建筑形体和环境的统一协调性的同时，利用太阳能光伏系统，雨水回收等成熟技术，能够使该建筑成为展示当代绿色技术的典范。在太阳能利用上，本建筑可以在屋顶或墙上安装太阳能电池板，也可在向阳面的钢化玻璃中封装电池板，既可以发电也具有建筑用途。

设 计 者：常青　丁洁民　张鹏　郑君彧

工程规模：用地面积 15 000m² 总建筑面积 100 000m²

设计阶段：方案、施工图设计

委托单位：河南天一伟业房地产开发有限公司

鸟瞰图

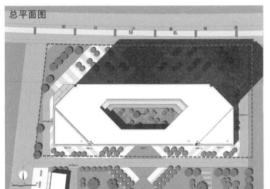

总平面图

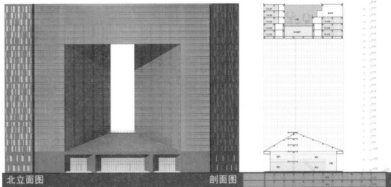

北立面图　　　　剖面图

日景透视图

夜景透视图

夜景透视图

扬中市广播电视中心建筑设计方案

ARCHITECTURAL DESIGN FOR BROADGASTING AND TELEVISION CENTER OF YANGZHONG CITY, JIANGSU PROVINCE

基地位于扬中市滨江新城西北角，北侧为长江路西延段，东侧为国家电网变电站和规划中的文化综合体，西侧为拟建新城路，南侧为规划中的高层住宅小区。目前基地周围以农田为主，道路尚未完全建通。

本项目深入分析基地周边城市现状及广电中心自身的空间需求，从以下三方面入手进行构思。

1. 塑造城市门户建筑

项目对于塑造滨江新城的空间界面和城市定位具有重要意义，因此将广电中心定位成城市门户建筑，通过独特的形象处理，增强它在该区域的标志性和识别性。

2. 创建现代化信息港

广电中心作为重要的信息集散港，建筑既要体现出广电信息类建筑的特点，也应该成为体现城市精神的重要场所，适当地向市民开放，为城市提供独特的公共活动空间。

3. 挖掘扬中地域特色

扬中市由长江和夹江所环抱，是一个典型的岛市，水是这个城市重要的特色资源，因此，在设计中充分挖掘和强化扬中独特的水文化，力求体现出地域特色。

设 计 者：黄一如　袁铭　朱培栋　张佳玮　姜宏毅
工程规模：占地面积 20 007m²　总建筑面积 26 430m²
设计阶段：方案设计
委托单位：江苏省扬中市广播电视中心

鸟瞰图

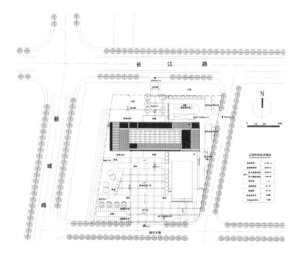

总平面图

西北角透视图

东北角透视图

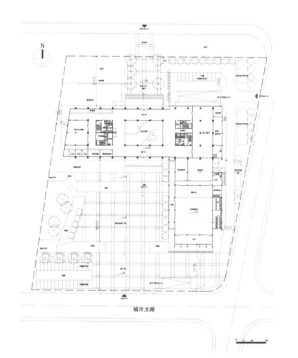

一层平面图

西南角透视图

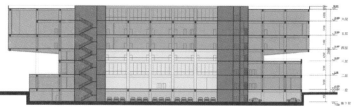

剖面图

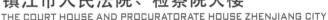

镇江市人民法院、检察院大楼
THE COURT HOUSE AND PROCURATORATE HOUSE ZHENJIANG CITY

　　项目用地位于镇江市南徐新城核心区内，地处南徐大道北侧、檀山路西侧，东侧紧邻镇江海关，隔檀山路与镇江市行政中心相邻。项目总用地面积 4.12 公顷，地块细分为一、二号两宗地，建设内容为镇江市中级人民法院和镇江市人民检察院。一号地块内由南向北依次布置法院的法庭综合楼 (A 区)、法院行政办公楼 (B 区)(含江苏法官学院用房)、法院附楼 (C 区)，法庭综合楼的主入口设于基地南侧的城市广场，法院行政办公楼的主入口设于基地西侧的坡岗路，附楼的主入口则设于基地内庭园内，与办公楼的次入口相对，方便内部人员的使用，同时形成内向性的内部园林空间。A、B、C 三区由连廊相接，内部流线可分可合，分区明确、联系方便。二号地块内由南向北依次布置检察院服务楼、办案楼、主楼 (19 层) 及附楼，服务楼主入口设于基地南侧的广场，方便公众使用。主楼、办案楼和附楼的入口设于从北侧道路进入的内部庭园，形成院落式布局和内向型空间格局。

　　针对司法建筑的性格特点，建筑风格以端庄大气、简洁稳健为主题。建筑以方正体块为造型基础，体现了建筑的庄严和正气，表达了公正和正义的主体；立面采用竖向分割的方式，形成虚实的对比，体现了建筑的简洁与通透，寓意着职能部门的高效和开放，玻璃面上的细小分割线，表达了职能部门工作的严谨细致，也象征着"天网恢恢，疏而不漏"。

设 计 者：孙彤宇　吴慧　吴熠丰　陈梦梦　倪燕飞
工程规模：占地面积 41 183m²　总建筑面积 97 447m²
设计阶段：方案设计
委托单位：镇江市人民法院、镇江市人民检察院

透视图

总平面图

鸟瞰图

鸟瞰图

首层平面图

透视图

中国体育彩票广西营销展示中心
CHINA SPORTS LOTTERY GUANGXI CENTER

中国体育彩票广西营销展示中心项目是自治区体育局自主建设的重要项目之一，也是广西体育产业城第一个动工建设的项目。项目建设地址位于南宁市五象新区良庆大道以东，庆歌路以北，楞塘冲水系以南。项目用地建设净用地面积 14 652 平方米。项目功能空间须容纳和满足广西体育彩票管理中心、南宁市彩票分中心、广西体育总会等三家单位的行政办公、业务开展、会议接待等功能需求。

为体现南宁的地域历史文化和传统，传达体育彩票事业的特点和内涵，提炼出了如意"X"的设计立意。建筑平面呈 X 形，而空间形体则呈现"一撇一捺"两条带状形态的有机缠绕，规整方正与圆润有机鲜明对比。

X 代表未知，隐喻彩票活动结果的不确定性，表达了体彩活动的趣味性和刺激性；

如意之形表达了对体彩事业建设者和参与者对福利事业所作贡献的感谢和对体彩事业未来发展前景的美好祝福。

X 两笔的交汇处架空形成景观和视线的通透，同时象征着体彩事业的公平、透明和阳光。

设 计 者：杨峰　赵铸
工程规模：总建筑面积 17 880m²
设计阶段：方案设计
委托单位：广西壮族自治区体育局

透视图

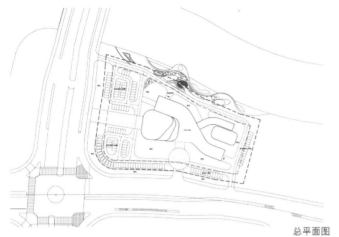

总平面图

鸟瞰图

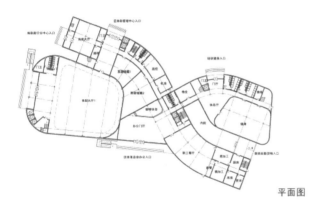

平面图

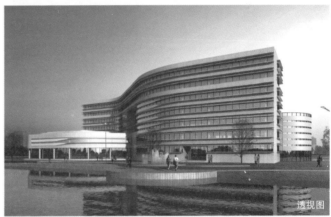

透视图

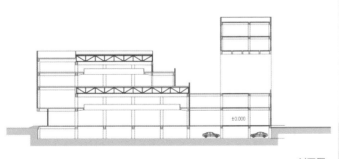

剖面图

透视图

广东珠海拱北口岸查验综合楼
THE COMPLEX BUILDING OF GONGBEI PORT, ZHUHAI, GUANGDONG

基地介于拱北口岸广场、珠海站站前广场和澳门市政公园之间，是内地进出澳门的门户。由于基地现状复杂的轴线关系以及混乱的建筑风格，我们采取了以下的设计策略。

为了使得新建筑在主要视线方向上都呈现出简洁纯粹的展示面，我们采用了正三角形的布局形状。之后我们将正三角形的边角处理为柔软的曲线，避免了与周边建筑棱角和轴线的碰撞。我们将珠海站的人流从站台引入，穿建筑而过，从东南角将气流引入建筑内部，自然将建筑分成了三个建筑体量。取消原有的出站大楼梯，使得站前广场和拱北广场更自然的融为一体。

建筑朝向三个主要视觉方向上设计双层玻璃幕墙，外侧玻璃幕墙采用高反射率的玻璃，白天可分别映衬出拱北口岸的红色大坡屋顶、珠海站的飞鸟握手造型和公园的茵茵绿草，使新建筑完全的融入到周边环境之中。双层幕墙的内侧树墙图案取自森林意象，采用渐变的绿色，体现珠海作为生态之城的良好的人居环境。镜幕和树墙构成的双层表皮使得建筑在白天和夜晚呈现出两种截然不同的视觉效果。白天，树墙包裹在外侧的镜幕之内，若隐若现，体现和谐；入夜，当周边喧闹的环境渐渐平静下来，绚烂的室内灯光将极具表现力的树墙的剪影毫无保留的投影出去，将这里打造成无以伦比的视觉中心，表现魅力。

设 计 者：徐风　吕晓钧　王超
工程规模：占地面积 9 000m²
设计阶段：方案设计
委托单位：珠海美华建设投资有限公司

鸟瞰图

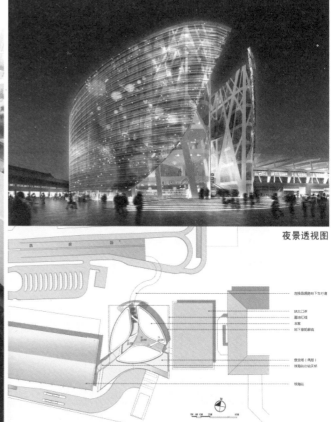

夜景透视图

总平面图

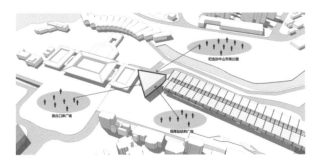

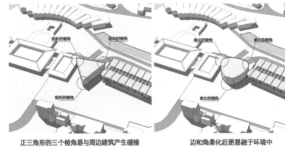

正三角形的三个棱角易与周边建筑产生碰撞

边和角柔化后更易融于环境中

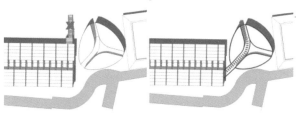

取消站前广场大楼梯

创造一条路径让人流通行而过

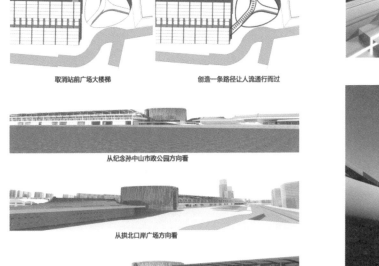

从纪念孙中山市政公园方向看

从拱北口岸广场方向看

从珠海站站前广场方向看

概念分析图

内街透视图

澳门方向透视图

开封新区中心商务区修建性详规阶段城市设计
URBAN DESIGN OF CENTRAL BUSINESS DISTRICT, KAIFENG

项目位于开封新区的核心区域，总用地面积约 2.2 平方公里，其既是展示新区特色形象的形态核心，也是激发城市活力的公共生活核心和促进城市发展的综合服务核心。

本次城市设计重点考虑的课题是：如何从城市总体角度出发，充分发挥中心商务区行为集聚和活力辐射的作用，避免传统 CBD 的诸多弊病；如何充分体现开封的传统城市特色和历史文化韵味，避免新区建设同质化；如何充分利用中意湖的景观资源，将优美的景观环境与城市公共活动相结合，避免景观与行为脱节；如何围绕公共服务建筑，塑造多类型的城市公共空间，避免孤立地研究建筑单体的功能和形态；如何建立和强化郑开大道两侧区域的联系，避免城市主干路对城市行为、空间的割裂。

为此规划提出了组织满足游憩性商务区发展要求的复合型功能体系；组织充满特色的城市公共空间体系；塑造兼具中国传统城市特色和现代 CBD 特征，时代感和地域性并存的城市形态；综合利用地下空间；拓展中意湖水域空间，建立环绕区域中心的环形水系；组织人车友好，高效、安全的交通系统；建构多层次围合、人工要素和自然要素交融的生态绿化系统等一系列规划策略，力图将中心商务区打造为富有特色、充满活力、市民与游客共享的城市客厅。

设 计 者：王一　徐政　张维　陈振宇
工程规模：基地面积 2.2km²
设计阶段：城市设计
委托单位：开封市城乡规划局开封新区基础设施建设投资有限公司

鸟瞰图

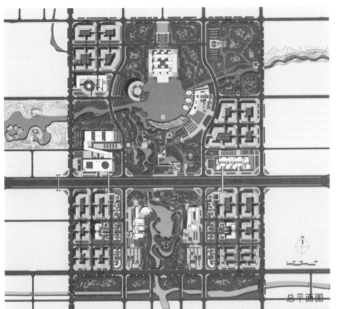

总平面图

建筑形态、空间和水的关系分析图

剖面图

科技中心透视图

图书馆透视图

安徽和合生态园五星级会议度假酒店
FIVE STAR HOTEL IN HEHE ECO-PARK, ANHUI PROVINCE

项目坐落于安徽广德县和合生态园内，总体规划设想将五星级会议度假酒店建筑群与生态园内多样的景观：湖泊、丘陵、生态林、竹林、果树和开花树木园、花卉和草药园、湿地、山体公园等结合形成和谐的整体环境。

设有会议中心的酒店和别墅式客房楼布置在滨水区和半岛东端。企业家会所及总统别墅在基地的西部。总体规划上将现有水体扩大，以使得更多的客房楼能够获得较好的滨水环境，并根据景观属性进行分区，以强化其特点。酒店主楼布置在半岛的顶端，并从酒店大堂设置阶梯延伸至湖面设置亲水平台。别墅式客房楼分为三个区域，北部为滨水别墅，两岸竹林遥相呼应，并设置游艇码头，可以划船、钓鱼、观鸟；半岛中部区域为山地别墅，由于地势较高，可以有更好的景观视野；半岛南侧为沙滩别墅，拥有草坪、沙滩和棕榈树。

从西面进入半岛基地的道路在酒店门前形成一个东部主广场。从广场引出两个二级路通向别墅，分别为北部和南部道路。从北路道路引出小径通向山地别墅。中央停车库设在酒店 B1 层，可停高达 130 辆车（如果设立双层停车场）。在生态园散步的行人可通过小路到达任何地方。

五星级酒店主楼建筑形式采用宣纸折叠的意象，垂直折叠并且连接到会议中心及宴会大厅，材料以当地米灰色大理石为主体折叠面，折叠所包裹的形体则采用竹板，充分体现地方文化的特色。整体造型则采用山形墙的形态以呼应安徽地方传统文化要素。

设 计 者：孙彤宇　Stefan Rau（德国）
工程规模：占地面积 100 478m²　总建筑面积 42 886m²
设计阶段：方案设计
委托单位：安徽和合生态农业股份有限公司

鸟瞰图

总平面图

酒店滨水平台夜景透视图

酒店主入口透视图

山西沁水县沁和大酒店——城市风帆
SAIL-QINHE HOTEL, QINSHUI, SHANXI

从基地出发,本设计综合了建筑与外部界面、内部景观、交通与功能组织等影响要素,力求创造出手法新颖,绩效优越的现代化酒店综合体建筑。

作为典型的带状城市,沁水县城一千年来的发展都是沿着杏河、县河一线河谷狭长的城市发展轴展开。位于城市的最东端高速入城段,本项目基地属于规划中高强度开发的"快城"。河谷地带优美的自然环境,突出的交通关系与沿河向东的城市发展共同孕育了本项目的概念——"城市风帆":如同县河上即将起航的自帆,沁和酒店欢迎着远道而来的客人和回家的游子。

本项目由二栋高层建筑与4层裙房组成,风帆造型的宾馆塔楼位于基地东侧,为两侧的客房争取到最佳的景观视距。办公塔楼位于基地的西侧,靠近跨河引桥和城市道路,有助减少外部交通对基地内部的干扰,同时作为另一组风帆共同构成了酒店的完整形态;裙房连接两座塔楼并向西侧伸展形成临街商铺,布置酒店配套、超市、精品店和餐饮等功能设施,体量相对较小,尺度宜人,避免了对城市及水面产生压迫感。以创造安全的步行环境为目的,由西南侧主入口开始在基地内部沿环形车道,逆时针方向分别设有办公入口、酒店主入口、餐饮娱乐入口、酒店后勤入口、地库出入口、团队旅客入口和宴会入口,有利于人流与物流的组织,并将酒店两个方向的滨水景观与花园景观融入到酒店的整体环境中。

设 计 者:姚栋　汤朔宁　刘洋
工程规模:基地面积 25 506m²　总建筑面积 56 083m²
设计阶段:施工图
委托单位:沁和酒店管理有限公司

城市总平面

透视图

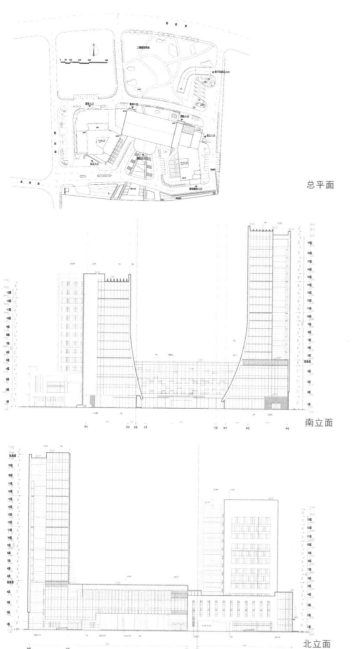

总平面

南立面

北立面

功能分析

鸟瞰图

模型照片

罗田一方山水国际大酒店方案设计

URBAN AND ARCHITECTURE DESIGN OF LUOTIAN LANDSEAPE INTERNATIONAL HOTEL IN LUOTIAN. HUBEI

　　设计选取中国古人"曲水流觞"的高雅意境，充分利用基地内的自然水渠和水塘，以弯曲有致的水系，贯穿酒店整个区域，创造了"曲水流园"的景观特色，浪漫而又富于诗，隋画意。

　　酒店平面为大鹏展翅造型，使设计方案具有吉祥的寓意，大堂为大鹏鸟的头部，两侧客房为大鹏鸟的双翅，预示着酒店的经营将展翅高飞。

　　设计方案的总体特色如下：

　　1. 生态性——本方案尊重基地的生态环境，设计以大规模的绿化面积和自然水系创造了"清、静、绿、凉"的宜人环境。同时设计保持了原有的地形地貌，尽量减少对山地的破坏。

　　2. 文化性——本方案尊重罗田当地的历史文化，以新中式建筑风格呼应罗田的历史地域文化。

　　3. 标志性——设计追求五星级大酒店应有的标志性，建筑建成后将成为罗田的标志性建筑之一。

　　4. 永恒性——建筑造型含蓄内敛、追求卓越。建筑材料选用花岗岩和玻璃，力求体现出五星级酒店的高贵气质，细部设计确保了酒店的精致典雅。

设 计 者：徐洪涛　彭臻
工程规模：建筑面积 180 000m²
设计阶段：修建性详细规划
委托单位：湖北长源一方投资有限公司

鸟瞰图

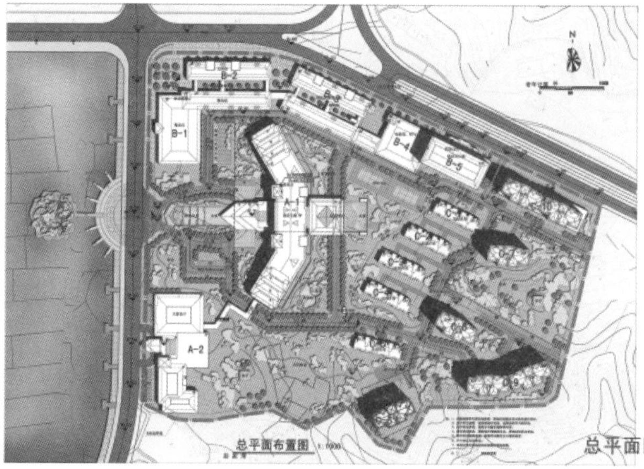

总平面图

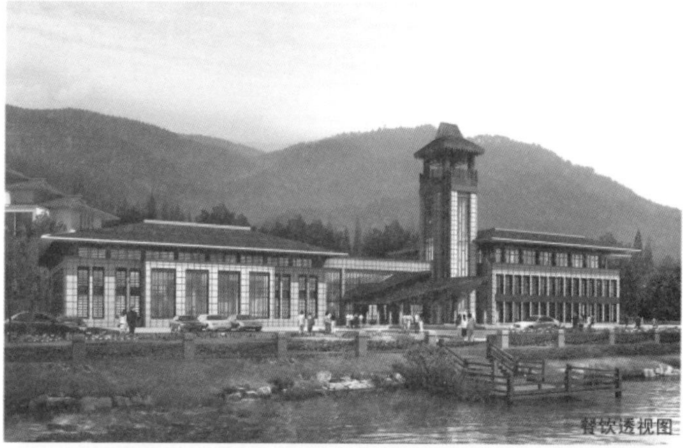
餐饮透视图

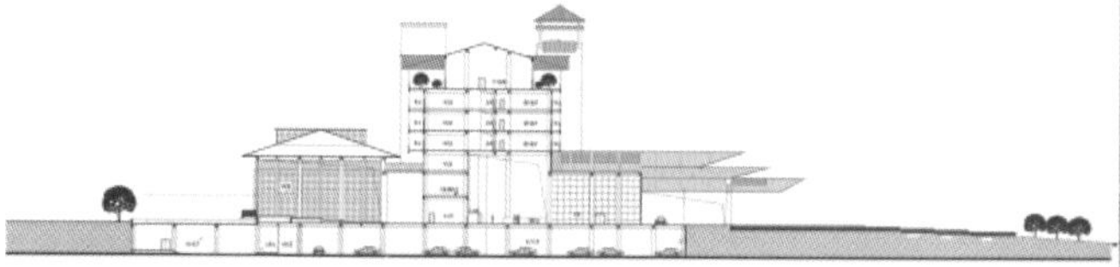
剖面图

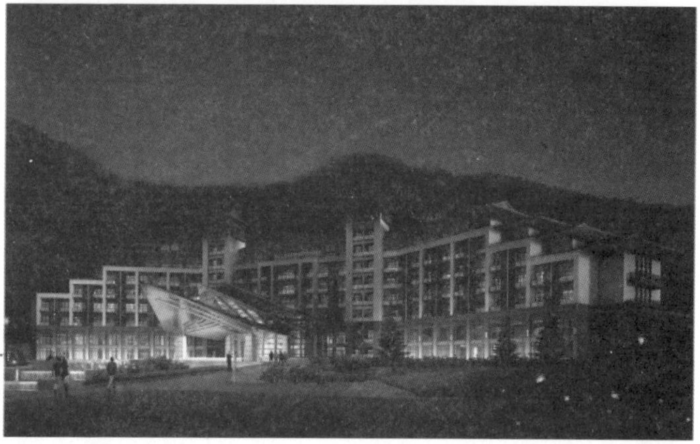

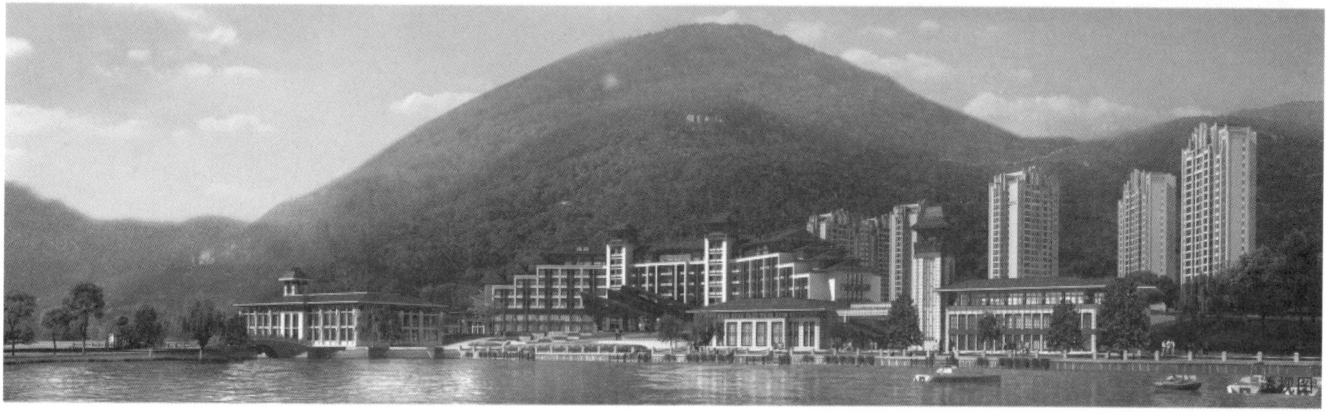
透视图

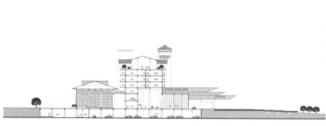

濮阳市人民医院改扩建工程概念规划设计

THE CONCEPT PLANNING OF THE RECONSTRUCTION AND EXPANSION PROJECT OF THE PEOPLE'S HOSPITAL, PUYANG

濮阳市人民医院位于濮阳市中心城区，规划用地面积约 240 亩（约 16 公顷），总建筑面积 437 000 平方米。濮阳市人民医院系三甲综合医院，医院现状人满为患、住院床位严重不足、医院整体环境质量低下。依据濮阳市总体规划和市人民医院"十二五"发展需求进行改扩建工程概念规划。

改扩建规划设计遵循"以病患为中心"的宗旨，在医院现状格局的基础上，对医院总体布局进行重新梳理和功能整合，并统一协调纳入到医院整体规划系统，设计重视医院内部的医疗流程和流线组织及周边环境控制，形成"一轴、两翼、三片区"的规划结构。

根据医院现状和建设要求，在总体规划布局上，采用整体规划和分期建设的设计方式。结合医院现状及运作特点，在医院整体规划时，采取动静分区的原则，集约利用医院现有的土地资源，扩大医院空间，增设医院床位；将医院内部的主要建筑物通过设置的架空连廊方便医院内部联系，充分利用地下空间解决患者和职工的停车问题，完善医院内部的交通组织，改善医疗条件，美化医院医疗环境。

规划设计充分体现其科学性和合理性，既满足医院当前或近期建设的需要，又兼顾医院远期扩建发展的需求及与周边的环境在功能拓展、道路联系等方面的衔接，与濮阳市整体规划相协调。

设 计 者：颜宏亮　陈妙芳　张波　苏岩芃
工程规模：占地面积 16hm²
设计阶段：概念规划设计
委托单位：濮阳市人民医院

鸟瞰图

总平面图

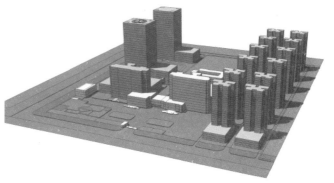

基地现状分析

模型鸟瞰图1

功能分区图

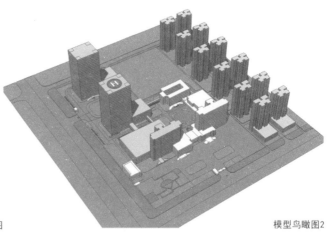

模型鸟瞰图2

济宁市流浪未成年人救助保护中心等项目规划与建筑方案设计

THE DESIGN OF THE STRAY AND MINORS PROTECTION CENTER IN JINING

　　项目规划总用地 6.53 公顷，其中建设用地 4.65 公顷。该项目由老人公寓、市第一救助站、儿童福利院、市救灾物资储备库及服务中心五大片区组成，总建筑面积约 65 506 平方米。

　　设计从基地及周边地区的整体环境出发，结合福利中心一期工程的功能布局特点，准确有序地处理好前后两期项目之间的功能配置、空间组合、交通组织等各种关系，强调福利中心的整体性，为建筑群体良好的功能运作与优质管理提供最佳的条件。在营造外在建筑形象整体性的同时，强调对基地内部景观资源的整合和共享。延续一期地块的空间景观结构，通过创造优美的、富有层次的景观环境和活动场景，来营造温馨、舒适、宜人的环境。建筑造型设计注重与建筑功能的结合，创造出富有时代气息和人文特色的建筑组群。

设 计 者：谢振宇　胡军锋　吴一鸣　练思诒　黄亦颖　吴颖

工程规模：建筑面积 65 506m²

设计阶段：方案设计

委托单位：济宁市第一救助管理站

鸟瞰图

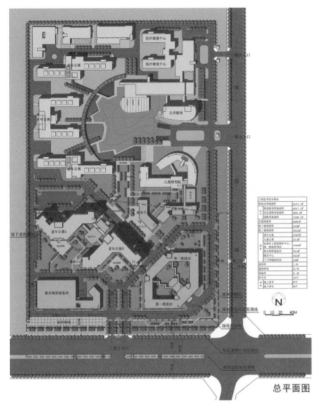

总平面图

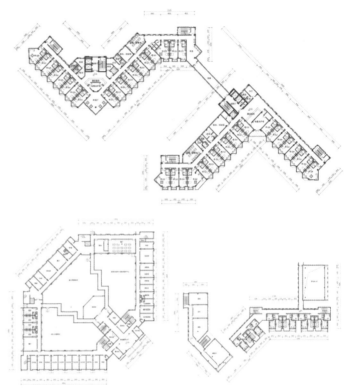

透视图

常熟方正企业住宅项目规划及建筑方案设计
PLANNING AND ARCHITECTURE DESING OF THE FANGZHENG CORPORATE RESIDENTIAL AREA IN CHANGSHU

"白屋出公卿，华亭迎端阳；
北去登楼台，南来坐厅堂；
三问无尘扰，两院有灵光；
粉墙映冀瓦，重搪贵浦扛。"

苏州方正常熟住宅项目定位于常熟市虞山风景区以北，地块面积 19 957 平方米，总建筑面积约 20 000 平方米，容积率 1.0，定位于高端低层联排、联院别墅和多层叠加别墅。

在规划设计中，既尊重现状又因地制宜，将联院别墅呈锯齿形沿地块东南、西南两侧斜向红线布置，同时将多层叠加别墅（即"望江楼"）布置在地块北面，充分利用景观河道资源，最后将联排别墅布置在前两者之间，形成三个特征鲜明的产品层次。叠加别墅建筑面积控制在每套 200~250 平方米，联排别墅、联院别墅每套建筑面积约为 250~350 平方米。住宅立面风格采用新中式，大面积的白色墙体和深灰色成品瓦屋顶对比鲜明，相得益彰，立面窗大多采用木色窗框，平添几分中式气息。

设 计 者：李振宇　卢斌　李都奎
工程规模：占地面积 19 957m² 　总地上建筑面积 20 545m²
设计阶段：方案设计
委托单位：苏州方正地产发展有限公司

鸟瞰图

户型平面图1

户型平面图2

户型平面图3

模型照片1

模型照片2

总平面图

上海临港新城限价商品房项目（标段五-6A地块）建筑方案设计

ARCHITECTURE DESIGN OF PRICE-LIMITED COMMERCIAL HOUSING PROJECT (TENDER 5-BLOCK 6A) IN LINGANG NEW TOWN

为落实国家和本市关于保障性住房的相关政策，进一步促进产城融合，吸引和留住人才，使临港新城焕发新的活力，本市确定在临港新城中心城区建设限价商品房。限价商品房项目位于临港主城区一期、西北向居住岛范围，基地由临港大道斗己青路—铃兰路—环湖路西侧绿地围合而成，总用地面积约为61公顷。与大型居住社区毗邻，与轨道交通21号线滴水湖站相距约2公里。

区别于普通房地产楼盘的行列式布局，本地块采用周边式布局，以4到5层高的连续建筑体沿着地块周边围合而成。街道空间感较强，沿街局部设置商业设施，内部庭院归属感较强，形式丰富多变，两者内外分明，相得益彰。基于行列式布局的前提，特殊户型特殊处理。转角部位和纯东西向部位的房型均结合其所在位置的特点做出了积极的回应，以求达到均好性和多样性两者之间的平衡。

在本项目的房型设计中，因地制宜地设计了几种具有创新性的实验性房型：①90平方米跃层零公摊户型，共计110套；②L形户型，应对纯东西向不利条件，共计54套；③圆厅户型，锐角转折位置的特殊户型，标志性强，共计4套。

设 计 者：李振宇　卢斌　李都奎　龚喆
工程规模：总占地面积61hm²　总建筑面积64万m²　其中6A地块占地面积29 760m²　总建筑面积3 6364m²
设计阶段：方案设计
委托单位：上海临港新城投资建设有限公司

鸟瞰图

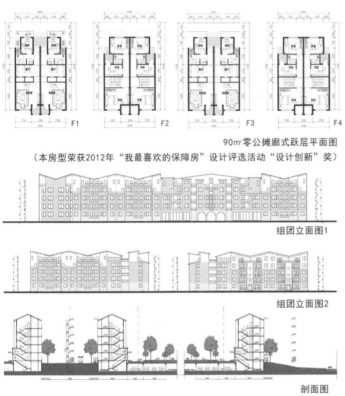

F1　　F2　　F3　　F4

90㎡零公摊廊式跃层平面图

（本房型荣获2012年"我最喜欢的保障房"设计评选活动"设计创新"奖）

组团立面图1

组团立面图2

剖面图

总平面图（标段五）

透视图

云南临沧泛华林业住宅概念方案设计
CONCEPTUAL DESIGN OF FANHUALINYE RESIDENTIAL AREA IN LINCANG, YUNNAN

临沧住宅项目有以下四大规划设计理念：

1. 总体规划，一轴两翼；百米花园，三重院落

主入口居中，穿越商业门口，连接景观主轴；周边式布局，围合三个百米花园；连接商业界面，100%利用沿街资源。

2. 景观布局，开阔连续；人车分流，动静分离

建筑底层架空，打造开阔连续的景观视野；西北侧道路解决主要地面停车位，并将车引入地下车库，使东南面的花园不受车辆干扰，实现人车分流，动静分离。

3. 建筑形象，现代灵动；三重倩影，四尾风帆

四尾风帆南北向布局，三重倩影全景观户型；建筑形象现代灵动，弧形阳台，曲直结合，富于现代美感；天际线高低错落，空间形态丰富。

4. 户型多样，朝向互补；层层退台，家家见景

东西向南北向交错布局，充分利用朝向；南北朝向佳，东西景观优；顶层跃层户型，送空中花园。

设 计 者：李振宇　常琦　卢斌　谢路昕　李垣
工程规模：占地面积 66 653m²　总建筑面积 235 820m²
设计阶段：概念方案
委托单位：云南省临沧市泛华林业投资发展有限公司

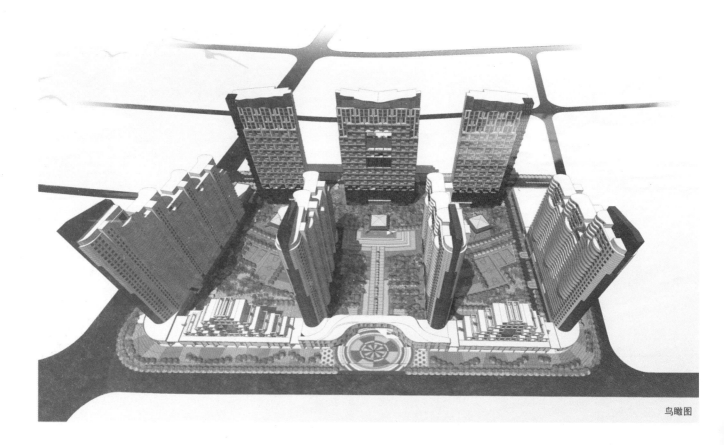

鸟瞰图

总平面图

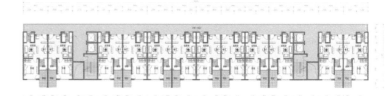

户型平面图1

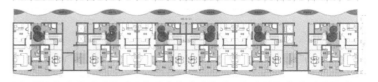

户型平面图2

户型平面图3

透视图

临港新城限价商品房项目7A7B地块建筑方案设计
THE ARCHITECTURAL DESIGN OF PRICE OF COMMERCIAL HOUSING PROJECTS FOR SHANGHAI LINGANG NEW CITY OF 7A7B PLOTS

　　限价商品房项目位于临港主城区一期、西北向居住岛范围，基地由临港大道杞青路铃兰路环湖路西侧绿地围合而成，其中7A、7B地块之间有一条南北向河道从中穿过，景观优美。

　　规划上，巧妙利用基地的45度朝向优势，住宅布局采用围合式街坊建筑设计，充分满足住宅建筑的日照、采光、通风需求，同时争取最大面积的公共绿地景观，从而提高住宅区的品质。交通上，采用了"外环车行，环内步行"的方式，机动车靠小区入口就近进入半地下汽车库，避免干扰小区环境。小区景观系统由"一带多环"骨架构成。其中"一轴"指河道景观带；"环"指街坊建筑围合的中心景观绿地。方案在注重立体绿化的同时，讲究景观河道与组团绿地及组团绿地之间绿化空间的共享与渗透，将南北向的绿化轴线贯穿整个小区，力求打造出有层次的"小地块、大绿化"的空间效果。

　　住宅设计中充分体现户型的舒适性。在有限的面宽中尽量将主要功能房间安排在南向或东南向，以获得充足的采光和日照，北侧布置厨房与卫生间，并尽可能成模块化设计。本次方案所提供的房型，包括50平方米以下的一房、70平方米左右的两房和90平方米左右的大三房，通过居住空间的变化、套型面积等级差异满足不同层次居民的需要。

设 计 者：谢振宇　胡军锋　吴颖　王承华　詹旷逸
工程规模：总用地面积 21 275m²　总建筑面积 38 400m²
设计阶段：方案设计
委托单位：上海临港新城投资建设有限公司

鸟瞰图

沿街透视图

沿河透视图

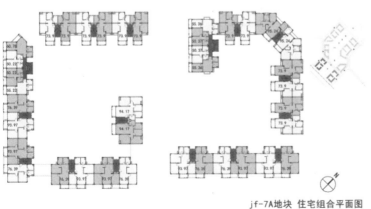

jf-7A地块 住宅组合平面图

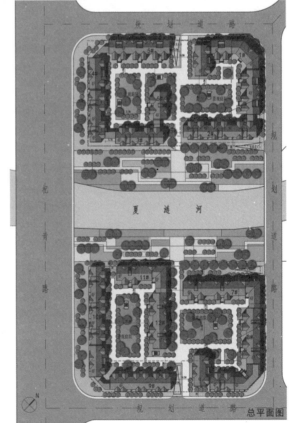

夏 涟 河

总平面图

丰都县厢坝旅游集镇B4-6和B4-10安置区规划建筑设计
RESIDENTIAL AND COMMERCIAL QUARTER IN XIANGBA RESORT AREA, FENGOU COUNTY, CHONGQING

　　本项目用地位于重庆市丰都县厢坝镇新规划旅游集镇的中心区域，是南天湖景区动迁居民的安置区首期启动地块，功能定位为集商业居住为一体的旅游购物休闲商业街区，地块B4-6及B4-10位于厢坝旅游集镇游客服务中心至南天湖景区主要景观通道的两侧，地块所处区位非常重要，是连接南天湖景区的主要交通要道的起始点，地理位置优越，景色优美，交通便利。

　　街坊式布局，促进居民交流：本项目规划为小区、组团二级区划。每个地块分为两轴、四个组团。由于用地被市政道路分为二块，在设计中每块用地入口布置景观，做到连续统一创造良好的商业与休闲游憩空间。

　　格局平衡：规划中沿外部街道和景观轴线设置商铺界面，形成商业街，提高外部空间活力，提升开放空间的商业价值。组团内部通过围合形成安静宜居的居住空间，做到内外有别动静区分。

　　强化地域文化特色：设计力求体现地域文化特色，规划空间布局上采用合院形式，体现传统的居住形态，促进邻里交往；建筑形态上采用坡屋顶及传统建筑叠梁式构架等形式，结合传统的民居元素设计成带有传统意蕴的现代建筑，有时代特征，又不失传统特色。

设　计　者：孙彤宇　何梦溪　庞璐
工程规模：占地面积 47 800m² 　总建筑面积 59 352m²
设计阶段：方案设计、施工图设计
委托单位：丰都县三坝乡人民政府

鸟瞰图

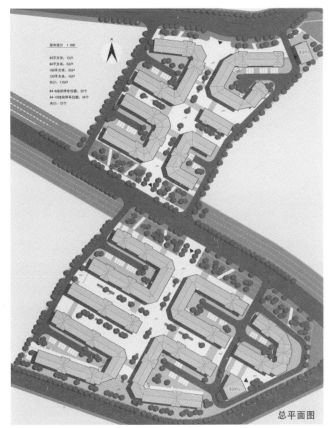

总平面图

透视图

透视图

商业街透视图

商业街透视图

永嘉县枫林镇圣旨门街受灾民居建筑重建设计方案

IMPERIAL EDICT DOOR STREET AFFECTED HOUSES RECONSTRUCTION DESIGN

2011 年 6 月，一场大火让枫林镇的圣旨门古街有着 500 多年历史的"旌表徐尹沛尚义之门"毁了半边，圣旨门楼东侧三幢老房一并焚毁。老房涉及 22 户受灾居民，分属 5 个村委，各户宅基地犬牙交错、人际关系复杂、用地局促。项目虽小，责任重大。

作为重建项目，不仅要恢复圣旨门街历史风貌的完整性，同时亦要借重建机会解决当前突出、尖锐而急迫的居住问题。

因此设计中依据原址范围内复建、原有面积内平衡的原则，合理调整平面布局，完善配套设施，使在有限空间内保证每户均具备现代化居住的生活条件；精心排布、增加房间数量缓解居民家庭人口结构和实际面积的矛盾；同时，对产权含混的区域进行调整缓和邻里之间的矛盾。建筑形体参照圣旨门周边现存历史建筑，严格控制建筑体量、檐口高度、屋脊高度，形成亲切宜人的街道尺度。立面分为墙基、墙身、屋顶三部分，依据楠溪江本地传统尺度进行设计，并以木色露明假柱对立面进行划分，立面正面和山墙面辅以带有斜撑的批檐，增加立面层次，形成屋檐交错跌落之状。

设 计 者：鲁晨海　刘欢
工程规模：总建筑面积 1 691m²
设计阶段：建筑方案设计
委托单位：浙江省温州市永嘉县

总平面图

总平面图

① 圣旨门
② 圣旨门52-48#
③ 圣旨门46-38#
④ 圣旨门55-67#

现场照片

透视图

鸟瞰图

江西都昌县德福安置小区建筑方案设计
JIANGXI DUCHANG RESETTLEMENT RESIDENTIAL DESIGN

　　设计以环境和景观与人的和谐来组织空间，采用错落有致的建筑布局方式，单元设计贯彻"以人为本"、"尊重自然"与"可持续发展"思想，以建设生态居住空间环境为规划目标，创造一个布局合理、功能完善、交通便捷、环境优美的现代社区。

　　总体布局采用"外环＋步道"的空间布局方式。将车行道路沿场地四周环状布置，景观步道贯穿场地南北两侧，步道支路渗透到各个单元。采用这样的模式主要考虑以下两点：一方面强化中轴景观的渗透作用，营造小区内丰富的空间层次和趣味性；另一方面，充分利用场地边界设置机动车停车位，满足住户的使用需求，方便管理。

　　在建筑造型设计上，考虑与北侧德福佳苑住宅小区（一期）的风格协调，采用其主要的造型及风格特征因素：四坡灰色瓦屋顶、砖红色主色调、简洁的白色装饰线条。但在具体做法上，结合住宅户型的平面功能有所创新。增加了屋顶半圆拱券、转角凸窗、空调装饰百叶等细节设计，保证主色调一致的基础上，通过局部运用砖红色面砖贴面，浅灰色的装饰线脚，使得住宅立面更加丰富变化、质感愉悦。从而营造出一种恬静、温馨的花园住宅小区氛围。

设 计 者：胡军锋　练思治

工程规模：占地面积 23 331m²

设计阶段：方案设计

委托单位：江西都昌县房地产管理局

鸟瞰图

透视图

总平面图

一层平面图

透视图

透视图

透视图

青岛城阳少山社区规划方案设计
SITE PLAN FOR SHAOSHAN COMMUNITY, CHENGYANG DISTRICT, QINGDAO

　　青岛城阳少山社区是集住宅、商业、商住为一体的大型居住社区，位于青岛市城阳区，地貌为山地丘陵。规划设计以"一片七团"的分区结构和"一面五枝"的形态结构为主要特点。规划总用地面积为114.3公顷。其中，可建设用地75.3公顷。

　　在分区结构上，"一片"是指：以少山水库河流南堤作为北侧边界，以流向下书院水库河流北堤作为南侧边界，以社区东、西界作为东、西侧边界，围合形成一个集合式的紧凑区域，成为少山新镇的主体片区。七团是指：在主体片区东南侧形成多层居住组团；在社区南部形成小高层居住组团；在主体片区北部形成山体低层居住组团；在少山水库南侧形成公共服务（餐饮）组团；在社区正东部形成低层山地居住组团；在主体片区与下书院水库之间路径形成低、多层山地居住组团；在下书院水库北侧形成以"农家乐"为主的公共服务与山地低层居住混合组团。

　　在形态结构上，"一面"是指主体片区。"五枝"是指自主体片区分别向北部、南部、正东部、少山水库方向、下书院水库方向延伸，线形利用原路基，建筑群体也继承原形态原则，力求自然，有生长感。

　　另外，基于社区现状用地构成中，园地、林地的边界形状为自然状态，可建设用地的边界也随之变化，虽然在规划用地布局上造成了一定的困难，但也因此形成了果园、林业用地向建设用地内的渗透关系，这种自然形态的空间交织，在形态上极大地丰富了镇区的生态环境，其空间组织也随之向有机状态发展。在规划中，这些渗透的园地中的每一颗树龄较大的果树将被完整保留，建筑设计也最大限度地适应这种渗透关系。

设 计 者：王志军　张子岩
工程规模：占地面积114.3hm²　建筑面积75.3hm²
设计阶段：方案阶段
委托单位：山东鲁信置业有限公司

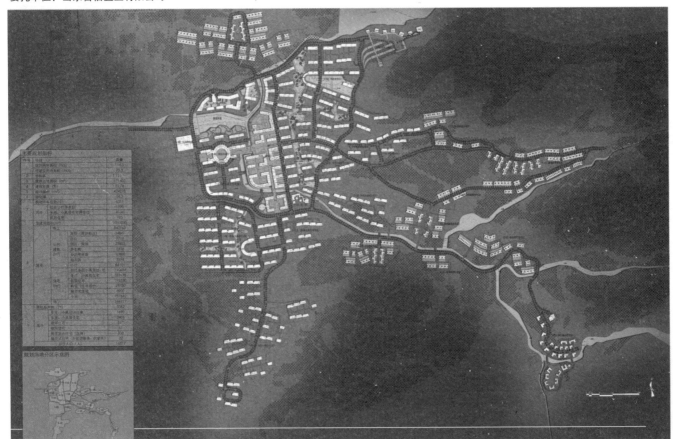

总平面图

规划结构分析图

交通规划分析图

总体鸟瞰图

景观规划分析图

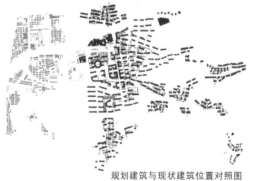

规划建筑与现状建筑位置对照图

核心区鸟瞰图

长春天盛住宅小区新基地规划设计方案
THE PLANNING AND DESIGN OF THE NEW SITE OF TIANSHENG RESIDENTIAL QUARTER, CHANGCHUN

长春天盛住宅小区位于长春市双阳区境内东南部，规划用地约 27.60 公顷，总建筑面积为 410 000 平方米，主体住宅均以小高层为主。

基地处于双阳区的典型棚户区域，规划设计宜配合双阳棚户区的改造项目进行。基地因城市规划道路被划分成三个地块，其中 A、B 地块为一期；C 地块为二期。回迁安置房（小面积住宅）主要布置在日地块，A、C 地块为商品房。

根据基地现状和规划部门提出的建设要求，在整体规划布局上采用统一规划分期建设的设计方式。按地块建设特点，设计采用分区规划、独立住区的模式，每个地块设有独立的路网和小区出入口；地下车库口设置在小区出入口处，实行人车分流模式，保持小区内部的人行安全性。规划注重朝南沿河湿地景观与小区内休闲空间融合性，每个地块有独立的景观核心，以形成较私密的区内活动空间，满足不同人群的心理需求。

在小区整体规划中，充分体现具有地方特色的、现代、舒适、安全、宜居的设计理念。利用基地的周边道路布置城市配套公建和绿化景观，注重各地块相对独立性和资源共享性方面的协调，并与小区周边环境相协调。

设 计 者：颜宏亮　陈妙芳　张波　苏岩芃
工程规模：占地面积 27.60hm²
设计阶段：规划方案设计
委托单位：长春市天盛房地产开发有限公司

鸟瞰图

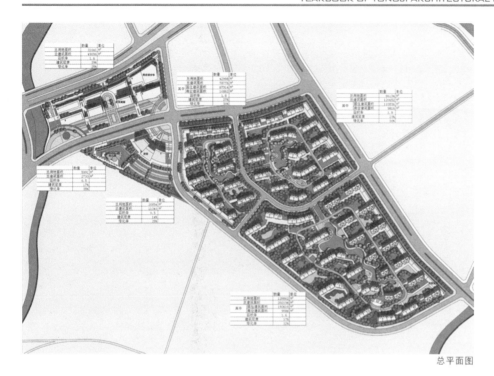

总平面图

模型图1

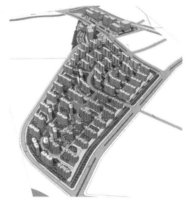

模型图2

鸟瞰图

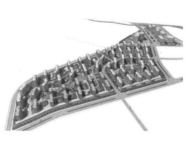

模型图3

崇明陈家镇自行车公园景观设计

LANDSCAPE DESIGN OF CHENJIAZHEN BIKE PARK, CHONGMING

山水花岛自行车嘉年华

Hills and Waters, Flower islands, bicycle Carnival

崇明陈家镇自行车公园位于郊野公园 (GMSA0010) 北区，与高教园区一路之隔，南临郊野公园南区，北接国际论坛商务区。该公园以自行车文化为主题，规划结合崇明国际自行车赛，将其打造成长三角乃至中国最完善的自行车公园，成为专业运动员、自行车运动爱好者以及普通市民进行各种自行车竞技、表演、健身和休闲活动的圣地，其中竞技场地的设置符合国际自行车联盟 (UCI) 举办最高级别国际比赛的认证要求。

园内通过理水和堆坡，形成气势宏大的山水格局，解决基地地形过于平坦和单一的问题，以满足自行车运动对场地高度和坡度的要求，一系列临水的特色绿道，大小不同、功能各异，如同巨幅山水扇面，使自行车休闲运动与优美的自然景观完美结合。通过堆坡形成立体分层的交通网络，提供多层次的观景角度，增强骑游的趣味性。

方案综合平衡生态、景观、自行车运动三大主导功能，以山水格局为核心，沿东滩大道次第展开，全园从而形成"一环、一轴、一带、十一个功能区"的总体结构。

设 计 者：魏枢　李瑞冬　王磊锐　李伟　翟宝华　范嘉乐
工程规模：占地面积 1 220 000m²
设计阶段：施工图设计
委托单位：上海陈家镇建设发展有限公司

中心湖效果

商业街效果

东入口效果

南入口效果

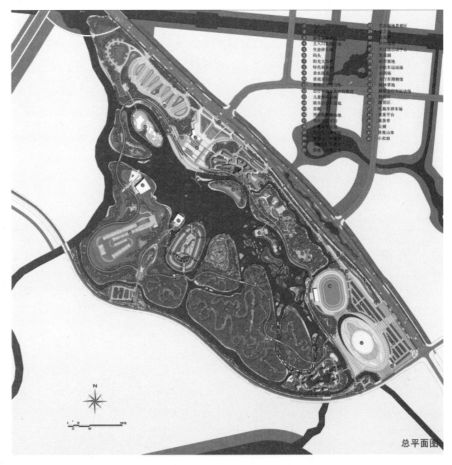

总平面图

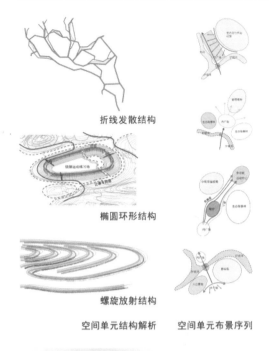

折线发散结构

椭圆环形结构

螺旋放射结构

空间单元结构解析　　空间单元布景序列

娱乐休闲区透视图

花岛透视图

鸟瞰图

四川眉山东坡养生植物园
MEISHAN DONGPO HEALTH BOTANICAL GARDEN, SICHUAN

眉山市东坡养生植物园位于眉山市岷东新区中部，是生态型岷东新区发展的启动项目，也是眉山市创建国家园林城市的重点项目。

该园形成七大植物展示区：眉山风光植物区、东坡养生植物区、童真欢乐植物区、湿地水生植物区、异域风情植物区、乔林氧吧植物区、植物进化系统区。在设置科学、专业、完整的植物专类园的基础上，以特色取胜，发扬东坡文化中的"创新"精髓，用植物语言全新演绎东坡文化，形成"眉山特色，世界唯一"的三大亮点，助推眉山市打造生活品质之城。

1. 以东坡养生文化为主题的文化植物园。作为全园核心的五行养生植物园和七星保健植物园呈"七星抱月"格局，在全国植物园中独树一帜。将东坡宦游八州的植物融入地理植物园形成东坡地理植物园，如汴梁菊花园、杭州桃柳园等。

2. 眉山地域特色植物园。结合基地四川特有的浅丘陵地貌，布局具有眉山地域特色的杜鹃专类园，形成杜鹃花谷为引领的眉山风光植物展示区。建立眉山各县县植物博览园，彰显当地特色。

3. 集趣味性、参与性和科普性为一体的植物园。创新发展儿童植物园、气候变化植物园等前卫的专类园，并克服基地内的不利条件，变不利为乐趣，设置阻火植物园（消防站旁），能源植物园（高压线下），寓教于乐，令人耳目一新。

设 计 者：孙颖　胡玎　张德顺　吕茵　应佳　黄兆辉　谢俊　贺永　江佳玉　陈海华　王振　刘进华

工程规模：67.98 hm²

设计阶段：修建性详细规划及方案设计

委托单位：眉山市岷东新区管委会

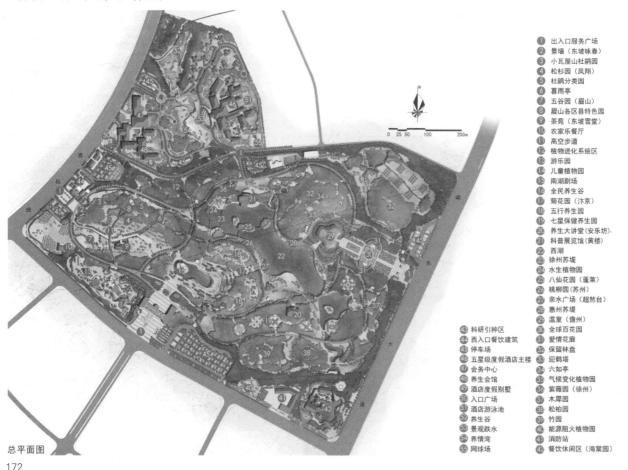

总平面图

| ① 出入口服务广场 |
| ② 景墙（东坡咏春） |
| ③ 小瓦屋山杜鹃园 |
| ④ 松杉园（凤翔） |
| ⑤ 杜鹃分类园 |
| ⑥ 喜雨亭 |
| ⑦ 五谷园（眉山） |
| ⑧ 眉山各区县特色园 |
| ⑨ 茶苑（东坡雪堂） |
| ⑩ 农家乐餐厅 |
| ⑪ 高空步道 |
| ⑫ 植物进化系统区 |
| ⑬ 游乐园 |
| ⑭ 儿童植物园 |
| ⑮ 南湖剧场 |
| ⑯ 全民养生谷 |
| ⑰ 菊花园（汴京） |
| ⑱ 五行养生园 |
| ⑲ 七星保健养生园 |
| ⑳ 养生大讲堂（安乐坊） |
| ㉑ 科普展览馆（黄楼） |
| ㉒ 西湖 |
| ㉓ 徐州苏堤 |
| ㉔ 水生植物园 |
| ㉕ 八仙花园（蓬莱） |
| ㉖ 桃柳园（苏州） |
| ㉗ 亲水广场（超然台） |
| ㉘ 惠州苏堤 |
| ㉙ 温室（儋州） |
| ㉚ 全球百花园 |
| ㉛ 爱情花廊 |
| ㉜ 保留林盘 |
| ㉝ 迎鹤塔 |
| ㉞ 六如亭 |
| ㉟ 气候变化植物园 |
| ㊱ 紫薇园（徐州） |
| ㊲ 木犀园 |
| ㊳ 松柏园 |
| ㊴ 竹园 |
| ㊵ 能源阻火植物园 |
| ㊶ 消防站 |
| ㊷ 餐饮休闲区（海棠园） |

| ㊸ 科研引种区 |
| ㊹ 西入口餐饮建筑 |
| ㊺ 停车场 |
| ㊻ 五星级度假酒店主楼 |
| ㊼ 会务中心 |
| ㊽ 养生会馆 |
| ㊾ 酒店度假别墅 |
| ㊿ 入口广场 |
| 51 酒店游泳池 |
| 52 养生谷 |
| 53 景观跌水 |
| 54 养情湾 |
| 55 网球场 |

172

东入口透视图

南入口透视图

鸟瞰图

四川眉山东坡水月国家级城市湿地公园
MEISHAN DONGPO WATER MOON NATIONAL URBAN WETLAND PARK, SICHUAN

　　眉山是苏轼、苏洵、苏辙、苏母的故乡，东坡水月国家级城市湿地公园以"眉山特色，世界唯一"为目标，紧扣东坡月亮岛，体现"东坡"、"月亮"、"水"三个关键词，以水为脉，神形并茂地演绎以"东坡水月"文化为主题，集湿地保育、科文教育、游憩休闲功能于一体的国家级城市湿地公园。在形态上，充分表现"月光如水，洒在湿地公园上"，路如带、绿成滩、水映岛。突出低碳、环保和可持续发展。

　　总体规划结构为一轴：东坡水月中央文化轴；两带：滨湖散步休闲带、水月科文休闲带；两区：生态湿地区、游憩休闲区。生态湿地区位于湿地公园北部，保留了一座以保持生境和动物栖息活动为主的生态岛——小明月岛，形成"明月"岛中岛的格局。围绕着水月滩湿地展开湿地科普展示游览和东坡艺术文化游赏活动。游憩休闲区位于湿地公园南侧，从北向南由一系列活动、休闲空间构成。其北部为游客与水全面接触的活动场所。中部，以主入口轴线空间为核心，由入口广场、疏林草坪、演艺广场、音乐喷泉等组成。为开展大型城市活动提供场所，特别是在中秋等节日可开展与月亮有关的庆典活动，东坡文化展演等。南部则布局了民俗街等文化活动场所。

　　同时以功能创新为策略，策划了丰富的互动功能活动，动物栖息岛、湿地净化展示、嬉水乐园等让游人与自然环境、公园空间、社会人文充分地进行接触、互动交流。以文化创新为策略，策划了丰富的东坡水月文化体验：月相变化湿地栈道、东坡与月诗词艺术体验、月主题景观小品、月形栈道、月形座椅、月形休息廊架等。以生态创新为策略，策划了丰富的水绿共融的生态环境体验和生态科普功能。延续苏东坡科学理水的理念，运用水绿共融的自然环境之力打造融合绿水、蓝水、雨水、灰水、中水、净水的"生态六水"体系。致力于用对水、用好水、用活水，使游人在走进湿地公园观水、闻水、亲水的同时更加能够触摸水、认识水、学习水。

设　计　者：吕茵　胡玎　孙颖　应佳　王越　谢俊　黄兆辉　贺永　江佳玉　陈海华　许凯
工程规模：占地面积 69.48hm²
设计阶段：修建性详细规划及方案设计
委托单位：眉山市宏大建设投资责任有限公司

总体鸟瞰图

总平面图

东坡水月音乐喷泉广场鸟瞰图

"满月"之望月台湿地展示步道透视图

水月滩湿地夜景鸟瞰图

盘龙城国家考古遗址公园规划
PANLGNGCHENG NATIGNAL ARCHAEOLGGICAL PARK PLANNING

　　盘龙城遗址位于湖北省武汉市北郊黄陵区西南的盘龙城经济开发区，是商代前期距今 3 500 年至 3 200 年前后的古城遗址。遗址的时代，上限相当于二里头文化晚期，下限至殷墟文化一期；城址兴建于商代二里岗期，废弃于殷墟一期。城址从兴起至衰亡历时 300 余年。

　　盘龙城考古遗址公园规划目标是以盘龙城古文化遗址保护为核心，兼顾遗址展示、生态保护、环境整治、教育科研、旅游休闲等功能，打造商文化特征突出、功能复合、可持续发展的考古遗址公园。

　　1. 展陈主要针对遗址遗迹、遗址历史环境、遗址历史信息和文化、生态环境等通过现场恢复、文字说明、地面标识、多媒体解说等系统展示盘龙城遗址文化。展陈分区包括遗址博物馆展示区、遗址本体展示区、遗址环境模拟展示区、农耕文化展示区、湖北民俗展示区。

　　2. 规划采用"圈层"的概念进行控制。遗址公园的开放空间以盘龙湖为核心，为了保持遗址公园以自然生态为主的环境的特点，在盘龙湖岸线的设计上也采用了"圈层"的概念：尽量控制遗址核心区望向盘龙湖的景观呈现自然风貌，将人工设施布置在远离盘龙湖中心的第二、第三圈层沿岸。

　　3. 规划提出"四角山水"的概念，通过打通公园四角的空间廊道使得盘龙湖和周边生态环境相联系，将公园的生态景观融入城市环境。

设 计 者：李立　高山　刘文佳　章珺珺　蒋伶佼　曲文昕　李皓　李霖原
工程规模：规划范围用地面积约 655.41hm²　公园用地面积约 432.55hm²
设计阶段：方案报批
委托单位：武汉市文化局武汉市规划局

鸟瞰图

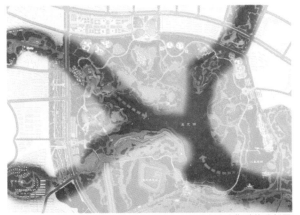

"四角山水"结构分析图

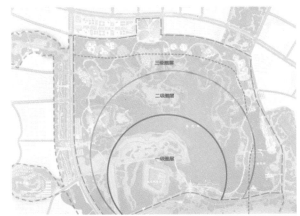

"圈层"结构分析图

总平面图图

四川泸州纳溪麒麟新城
QILIN NEW TOWN IN NAXI DISTRICY, LUZHOU, SICHUAN

泸州打造"中国酒城"，纳溪区是泸州市三个战略新城之一——南部新城所在地，纳溪麒麟新城为南部新城中心区。本次规划针对城市整体景观和核心公共开放空间，围绕"纳溪特色、世界唯一"的发展定位，着力打造以"酒"文化、"麒麟"文化和山水城市风貌为特色、生态环境良好、人居环境最佳的宜居新城。

规划以"生态低碳城市、文化特色城市、休闲宜居城市"为主题，从绿地与公共开放空间系统、景观道路系统、文化景观系统、绿化种植系统、夜景照明系统、户外广告等方面对新城的公共空间景观进行梳理。

规划以文化为引领，对城市大梯步、长江滨江景观带和五项山森林公园等核心公共空间进行详细规划。城市大梯步上"踏球麒麟"、"吐书麒麟"、"麒麟温酒器"、"驮宝麒麟"、"送子麒麟"次弟展开，一气呵成；五项山森林公园作为城市的后花园，延续"麒麟"送子文化为"五子登科"文化，并用创新的园中园手法，将山体公园的生态保育功能与文化体验紧密结合；长江滨江景观带则利用滨江空间营造市民休闲文化场所。

设 计 者：胡玎　张惠良　陆曦　戎世春　高南希　王越　王丽　谢俊　江佳玉　周峰　袁韧强　曹健
工程规模：占地面积 3.03km²
设计阶段：景观修建性详细规划及城市设计
委托单位：泸州市纳溪区政府

麒麟新城总体鸟瞰图

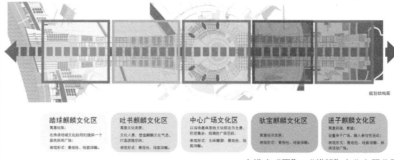

踏球麒麟文化区　吐书麒麟文化区　中心广场文化区　驮宝麒麟文化区　送子麒麟文化区

大梯步"酒"+"麒麟"文化主题分区

大梯步鸟瞰图

麒麟温酒广场鸟瞰图

大梯步鸟瞰图

长江滨江带鸟瞰图

雕塑"锚"透视图

雕塑"永宁纤夫"透视图

草坪剧场透视图

儿童游戏场透视图

棋苑透视图

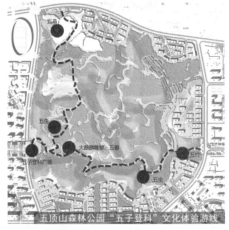

五顶山森林公园"五子登科"文化体验游线

五子登科广场

"五兽"

"五竹"

五顶山森林公园入口服务建筑

"五鸟"

"五鱼"

"五虫"

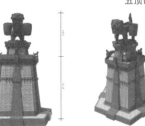

温酒麒麟台

河南南阳官庄工区"七彩石油"涧河滨水带
JIANHE RIVER WATERFRONT IN GUANZHUANG "COLORFUL OIL" WORK AREA, NANYANG, HENAN

南阳市官庄工区是河南油田的生活服务区，涧河为工区最为重要的绿色廊道。规划将石油文化、休闲文化、生态文化与城市公共开放空间建设相结合，以"七彩油城，缤纷涧河"为主题，以"大景自然、小景精致"为景观风格，营建以生态环境修复和洪水安全、城市特色文化展示和体验、满足市民多种休闲活动需求为功能的城市水绿生态核心和重要滨水文化休闲走廊。

以"维护景观基底、塑造景观特色"为策略。通过水质、水量和动植物栖息地保障，保留和修复现状河流湿地，形成滨水带的自然基底，突出滨水带的水绿原生魅力。通过特色文化景观的塑造，如"历史之路"桥头广场、涧河文化广场、七彩石油文化广场等，突出体现"七彩石油"文化主题；通过多样休闲活动的设置，如工人书苑、医疗花园、各种健身和儿童游戏设施等，为石油工人及其家人提供休闲娱乐和健身场所，从而塑造一条自然与人文交相辉映，"官庄工区特色，世界唯一"的滨水带。

设 计 者：张惠良　胡玎　陆曦　盛燕华　高南希　谢俊　江佳玉　周峰　李莹珏
工程规模：占地面积 4.50km²
设计阶段：修建性详细规划
委托单位：南阳市官庄工区管理委员会

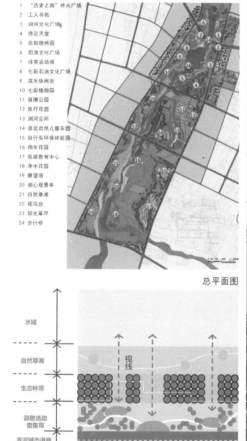

1 "历史之路"桥头广场
2 工人书苑
3 涧河文化广场
4 赤足天堂
5 自助烧烤带
6 四海文化广场
7 球类运动场
8 七彩石油文化广场
9 滨水休闲街
10 七彩植物园
11 苗圃公园
12 医疗花园
13 涧河会所
14 亲近自然儿童乐园
15 自行车环保体验园
16 雨水花园
17 低碳教育中心
18 净水花园
19 瞭望塔
20 湖心观景亭
21 自然草滩
22 观鸟台
23 阳光草坪
24 步行桥

总平面图

水域
自然草滩
生态林带
游憩活动密集带
滨河城市道路
视线

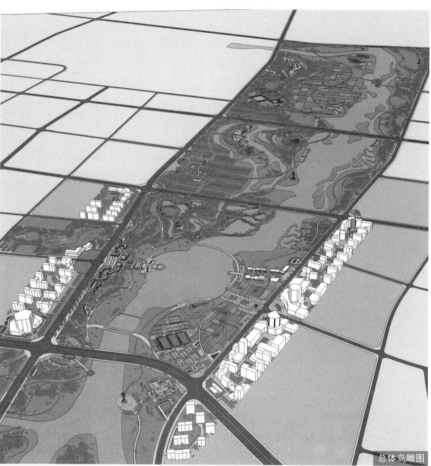

总体鸟瞰图

七彩石油文化广场鸟瞰图

七彩石油文化广场透视图

七彩石油文化广场透视图

涧河文化广场透视图

"历史之路"桥头广场透视图

保健书报栏

工人书苑透视图

四海广场透视图

户外按摩躺椅

医疗花园透视图

自行车环保体验园透视图

昆明市翠湖公园改造设计
TRANSFORMATION DESIGN OF GREEN LAKE PARK, KUNMING

　　翠湖于昆明而言，既是城市的文化名片，也是居民的生活舞台、外来者的旅游目的地，更是城市的生态绿核，其不仅是一个公园，更是一个风景名胜。经过多年的发展和使用，老的翠湖公园面对新的使用需求存在"平淡"、"凌乱"、"旧"、"陈"等诸多问题。

　　为此，设计采用如下策略与手段对其进行改造、整治与提升：① "传承经典"——延续并加强翠湖在城市与自然不断作用的过程中形成的原初景观格局，即"一亭、两堤、三湖、四岛"；② "打造重点"——减负升级，以典型景点、景观元素彰显文化底蕴对目前公园内建筑、设施进行功能规范，提升观赏效果与游赏体验；③ "精致铸就品质"——以精致化的景观元素、小品提升公园整体品质；以植被景观构建各堤岛特色，使堤岸、岛屿形成各具特色的季相景观；④ "全面成就格调"——完善内部设施配置、提升功能空间舒适度、美感度，引领休闲生活风尚。

　　设计在布局上突出核心、动静有致，公园由西北到东南总体上形成由静态到动态的空间序列；游娱品读等多功能空间的有序分布，使改造后的公园包容游览、休闲娱乐、文化品赏与品茶养心等多层面活动，供多年龄、多地域来源的人群游赏娱乐、品味翠湖历史、审读地域精神文化；并以建筑、构筑、植被等元素为特质形成多个多样化的景观斑块。

设 计 者：李瑞冬　李伟　魏枢　汤朔宁　张尚武　翟宝华　王磊锐　古元翼　范嘉乐　景婷婷　陈依依
工程规模：210 000m²
设计阶段：初步设计
委托单位：昆明市五华区国有资产投资经营管理有限公司

竹林岛改造效果图

金鱼岛现状

竹林岛现状

金鱼岛改造效果图

公园格局演变

一亭　　　两堤

三湖　　　四岛

海心亭改造效果图

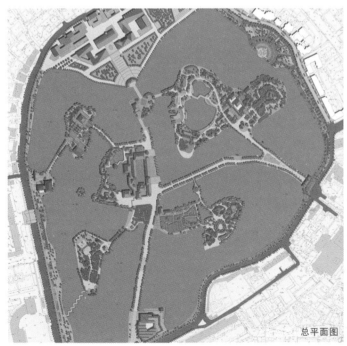

总平面图

九龙池改造效果图

水月轩改造效果图

昆明市翠湖环湖景观带提升与整治设计
TRANSFROMATION DESIGN OF GREEN LAKESHORE, KUNMING

由于历史发展，综合区位、人文积淀、建筑、植被等多方面的现状因素，翠湖环湖景观带虽然在功能上文化基因与生态效益显著，但也存在空间上郁闭有余而开敞不足；未能很好的整合湖光水色与周边人文遗存，以及乡土化的民俗生活情景；湖滨、道路、功能建筑空间呈环带分布，相互之间联通性差；植被景相对杂乱、拥堵，缺乏生长的后续空间；景观小品设施杂乱，休息设施严重欠缺等诸多问题。

设计采用"分段打造，节点加强"、"疏绿秀水，湖光外溢"、"特色建构，名片打造"、"湖城相融、人景互动"等多种策略与手段，打破目前沿湖的单纯线性空间，形成湖城相融的滨水界面。设计在梳理环湖绿化与环湖道路绿化，形成以上下两层结构为主，通透开敞的环湖绿化的基础上，通过分区分段，节点与区段结合，以特色的景观小品结合植被景打造审美趣味高、凸显城市特色的湖岸景观，彰显"四季如春"的昆明特色。进而形成市民休闲活动、外来者游赏、娱乐活动的舞台。

设计在总体上形成沿湖一体化、多点贯通，以垂直湖岸景观序列赋予节奏的景观格局。有序地组织了环湖的机动车及慢行交通，总体形成滨湖游赏行进路—休闲活动带—临街快速通行带三个交通环线，并形成可停、可行、可游、可赏的多维空间。同时在夜景灯光设计上，点线面结合，以"翠"为主题，营造出连续、雅致的翠湖环湖夜景。

设 计 者：李瑞冬　李伟　魏枢　汤朔宁　张尚武　徐甘　李桢　翟宝华　王磊锐　景婷婷　古元翼　陈依依
工程规模：82 000m²
设计阶段：初步设计
委托单位：昆明市五华区国有资产投资经营管理有限公司

翠湖东路段改造效果图

改造后

改造前

讲武堂广场段初步设计图

翠湖西路段改造效果图

西门茶室透视图

翠湖南路段改造效果图

江西遂川县遂川公园设计
LANDSCAPE DESIGN OF SUICHUAN PARK, SUICHUAN IN JIANGXI

玉龙绕青峰，清泉汇新城

遂川公园位于江西省遂川县老县城北侧，区位良好，自然环境优越，有着丰富的林业资源，同时地方文化底蕴深厚。基于对基地深入的调研与分析，通过梳理城市与公园的发展关系、提升公园的形象特色与文化内涵，设计力求最终将公园构建为自然山水为背景，龙泉文化为灵魂，以遂川县城为依托，融生态游憩、休闲度假、娱乐运动和文化教育为一体的具有森林景区特征的城市综合公园。

该公园设计以山地资源为基础、宗教文化为依托、运动游憩为特色，在充分保护现状山林，并适当改造林相的基础上，形成"一心、三谷、四带、多点"的景观结构，即以入口演艺广场为中心、三个谷地为主要景观轴线（游憩轴、运动轴、文化轴），四条山脉形成四条山林植物特色带。设计通过特色地方文化的植入、景观要素与场地环境的融合、多层次多维度空间的营建等力求形成公园的"脉"、"境"与"场"，进而塑造该公园独特的景观形象。

设 计 者：李瑞冬　刘颂　李伟　陈长虹　邵琴　姜昕　张莉　张翀　翟宝华　范嘉乐　古元翼　景婷婷　陈依依

工程规模：850 000m²

设计阶段：施工图设计

委托单位：遂川公园建设指挥部

鸟瞰图

过渡段商业街透视图

入口透视图

文"脉"绿"场"

景境并生

功能：
多元复合

生态：
格局优化

游赏：
内外联动

一城一山
一江两川

通山达江
蓝绿交织

遂形响声
川字相融

规划设计策略图解

总体布局结构

观景塔透视图

演艺广场透视图

基地现状图

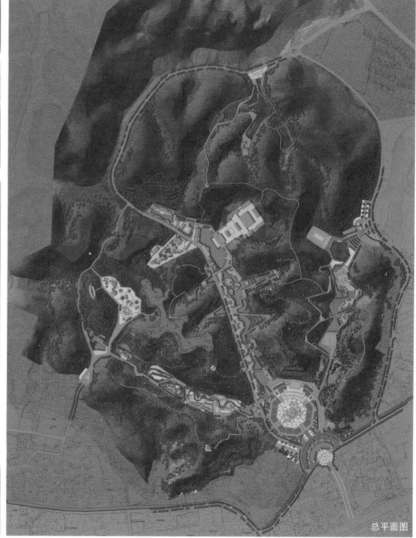
总平面图

盐城市廉政文化公园改造设计
TRANSFORMATION DESIGN OF ANTI-CORRUPTION CULTURE PARK, YANCHENG

该公园位于盐城市中心城区，原为毓龙公园，为一老公园改造项目。为配合廉政文化建设，利用公园改造契机，盐城市纪委及政府力求将其改造成为盐城市廉政文化公园。

设计摈弃当前廉政文化公园常用的公园与廉政元素叠加式的设计手法，通过对廉政文化的深入解读，从廉、德的辩证统一去诠释廉政文化，形成公园"昭廉尚德、正道人生"的主题，以廉政文化的核心价值塑造为主线形成公园的"魂"。以此为基础，设计采用段落式空间结构以分主题形式进行公园布局，寓教于游，营建众所适合的包括正气之门、廉源井、史鉴广场、九思园、衡尺园、廉德亭、尚德园、镜池、仰止亭等廉政文化景点。

公园总体布局和详细设计均与抽象的哲学思辨相暗合：段落式景观的有机展开，既体现了"格物致知、正心诚意修身和齐家治国平天下"的人生经历，也形成公园的环游体系，暗喻圆满、廉政一生的心路历程。以现代景观材料抽象表达的九思园、衡尺园、尚德园和镜池等景点更是表达了慎独和自省精神的建立、对浩然正气的呼唤、鉴人鉴己的对比、以及登高仰止的渴盼。

设 计 者：李瑞冬　李伟　范嘉乐　翟宝华　孟良　韩子健
工程规模：24 450m²
设计阶段：施工图设计
委托单位：盐城市市政公用投资有限公司

鸟瞰图

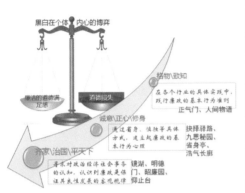

廉政文化哲学基础与空间布景关系图

总平面图

正气之门透视图

尚德园透视图

现状图

建成图

遂宁市河东新区文化中心室外景观工程设计
LANDSCAPE DESIGN OF SUINING CULTURAL CENTER, SICHUAN

　　遂宁文化中心位于遂宁河东新区通德大桥桥头 (A-9，A-10) 地块，其室外景观作为河东新区滨江绿地与东侧行政广场、会展中心等公共空间的主要联系通道，可将西侧滨江景观带引入河东区城市腹地，形成遂宁的城市客厅。设计充分尊重用地的自然环境和城市的历史底蕴，并以此作为设计的灵感源泉，结合其功能需求，将建筑、规划、景观融为一体，形成"城市客厅，印象遂宁"的总体景观形象。

　　设计结合地块内的遂宁大剧院、广电传媒报业大厦、巴蜀文化博览园等建筑布局，景观设计在交通组织上人车分流、平常与聚集结合，着力打造地块中部贯通东西的"一廊"景观与歌剧院外围的"一环"景观。东西向景观廊道连接场地入口空间、建筑出入口广场与序列化的活动空间于一体，不同空间内部通过对遂宁人文景观的诠释，以构筑物、水景、绿化、铺装、小品、灯光等景观元素的组织形成不同的空间属性；歌剧院外侧景观环结合剧院建筑功能及对室外空间的拓展使用功能，演出活动与日常活动结合，以流畅的曲线塑造出不同的坡地绿化景观，并于其中布设停车、活动、展演、休憩、商形等功能性使用空间及系列化主题小品。同时设计充分利用现代的声光电技术将音乐文化、地方农耕文化等加以抽象展示，形成该文化中心富于韵律的景观特征。

设 计 者：李瑞冬　李伟　汤朔宁　钱峰　翟宝华　石晶晶　范嘉乐
工程规模：总用地面积 127 800m^2　景观设计面积 120 620m^2
设计阶段：方案投标
招标单位：遂宁市河东开发建设投资有限公司

总平面图

总体布局与遂宁观音文化

入口广场透视图

主轴线地面灯景动态变化示意

乐之广场透视图

词之广场透视图

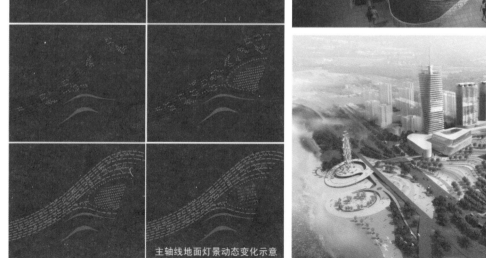

鸟瞰图

遂宁市河东新区体育中心室外景观工程设计
LANDSCAPE DESIGN OF SUINING SPORTS CENTER, SICHUAN

秀舞扬帆，驿动涪江

基地南临涪江，西侧为五星级酒店，南侧为滨江景观带，地理位置优越，交通便利。体育中心是遂宁进一步完善城市功能、积极推动体育文化发展、满足居民康体健身活动要求的重要支撑设施，也是 2014 年四川省运会的主要举办场所。处于滨江景观带休闲运动区段的体育中心室外景观设计应开放、跃动而充满活力；需体现体育运动不断超越的精神本质，成为城市"以体传神"的动力之源。

设计的主要内容包括地面层的交通与活动组织、形象塑造及设施布局，以及体育馆二层平台的环境营造。超大尺度的建筑与使用者对停歇空间尺度人性化需求的冲突、赛事活动超大人流及其快速疏散的需求与后续利用舒适宜人的环境氛围的冲突是设计首要解决的矛盾。基于此，设计坚持整体性、协调性、丰富性、可变性及文化性的原则，景观设计顺应主体建筑形体走向，与地面层与二层平台形成流畅的快速流通带，并与场馆建筑有序连接，形成整体、协调的建筑与景观环境相融的空间形象。布设于期间的微地形、花带、树阵、喷泉、移动绿化、嵌刻体育精神的灯具小品以及遮阳棚等等景观元素在增加使用舒适度的同时，形成丰富、可变而具有文化内涵的景观表征。总体与细节、建筑与景观共同勾勒处遂宁体育中心秀舞扬帆、驿动涪江的空间意向。

设 计 者：李瑞冬　李伟　谢燕　翟宝华　杜斯卿　古元翼　范嘉乐
工程规模：总用地面积 127 525m²　景观设计面积 52 720m²
设计阶段：施工图设计
委托单位：遂宁市河东开发建设投资有限公司

鸟瞰图

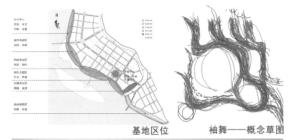

基地区位　　　　袖舞——概念草图

游乐场剖面图

网球场剖面图

西广场透视图

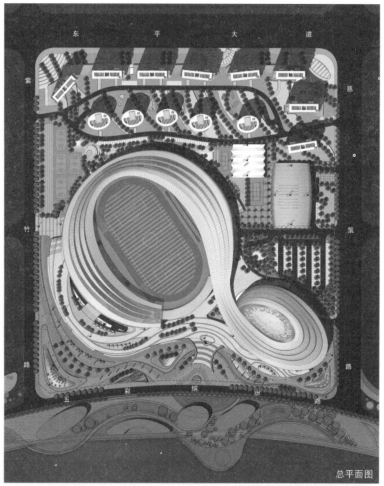

总平面图

东广场透视图

内庭院透视图

济宁奥体公园景观设计
LANDSCAPE DESIGN OF JINING OLIMPIC PARK, SHANDONG

基地是 2014 年山东省运会举办主场地，内部一场四馆将为赛事提供主要支撑，外场景观环境的设计一方面需要协调赛期的使用需求，对包括赛期车流人流疏导、标示导引及直饮水、移动公厕、喷雾降温系统、休息亭等公用服务设施进行总体统筹；另一方面，更需要以有序的目光关注赛后整个场区的利用与管理运营。

为此，结合总体布局，设计首先以五条主要步行景观轴线接纳赛期大量涌入的各方人流，并于其内布置停留与休憩空间，在便捷的连接两侧场馆的同时，实现人流的快速疏散。轴线形态上向心的动势与简洁的直线切割呼应并延续宝石状的场馆建筑外形及设计理念。其次，大型的集散场地通过移动式绿化及喷雾降温系统的布置为赛期提供舒适的等候场所；并于轴线内部及场馆周边营建中小尺度的停歇空间，满足赛后所需的宜人尺度。同时，场地北侧布置的室外标准网球比赛场、篮球练习场、网球练习场等，既能提升场区服务大型赛事的能力，又可为赛期及赛后的使用提供保障。而中部及东侧的儿童游乐场，更可同时保证赛期及赛后的利用率与舒适度。

此外，方案于五条景观轴线上以"水"为主题，通过设计与水接触的方式解构水的色彩、姿态、味蕾、触觉及声音之美，形成声、形、色、味、触全面调动的全感景观环境；同时，融合山林、水、草、花等高、中、低三个层次的景观元素，打破竖向平淡感形成丰富的空间。

设 计 者：李瑞冬　翟宝华　李伟　范嘉乐　陈依依　景婷婷　古元翼
工程规模：508 600m²
设计阶段：施工图设计
委托单位：济宁市第二十三届省运会筹备工作领导小组

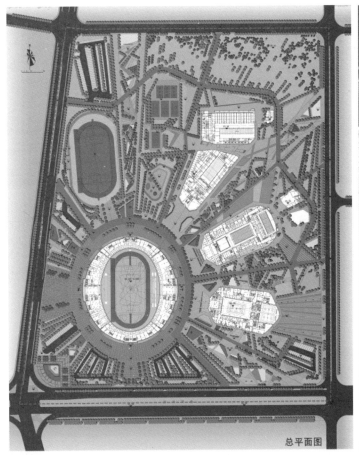

总平面图

局部水景效果图

设计理念解析

夜景效果图

景观标识效果图

日景效果图

景观轴横断面图

景观轴纵断面图

泉州市市民广场景观设计
LANDSCAPE DESIGN OF QUANZHOU PEOPLE SQUARE, FUJIAN

花开桐城，音绕海湾

基地位于泉州东海新区中央主轴，其内部四栋主要建筑：泉州市城市规划展示馆、工人文化宫、歌剧院、泉州市图书馆将成为城市的文化核心。因此，相比基地北部新建行政中心的雍容大气，基地内总体环境更强调公共活力、地域文化和场所精神的经营。

四栋建筑对称布局，中间形成南北向轴线，是构成由陈古山通向泉州湾大城市轴线的一部分。东西向的下穿道路一定程度上削弱了基地南北向的联系，同时大规模的地下空间利用也为地面景观塑造带来一定制约。在此基础上，由北而南形成三个主题广场，南北广场分别疏导通向两侧共建的人流，中部广场则成为联系南北的枢纽。设计巧妙地将地库通风、采光井等与地面构筑物设计相结合，成为三个广场的特色景观要素。

此外，地块内四个主要建筑外侧的各个下沉庭院，方案设计分别以水、绿、花等与台阶坡道相互结合，以不同手法形成有动有静、各具趣味的庭院空间。下沉庭院联系建筑、地库与地面广场，内外交织，在丰富室内外过渡空间的形态与使用可能的同时，将文化建筑与活动广场无缝连接，使整个基地成为独具特色的城市客厅。

设 计 者：李瑞冬　李伟　赵颖　翟宝华　刘灵　陈依依　景婷婷　范嘉乐
工程规模：总用地面积 130 480m²　景观环境设计面积 86 990m²
设计阶段：方案设计
委托单位：泉州市东海投资管理有限公司

鸟瞰图

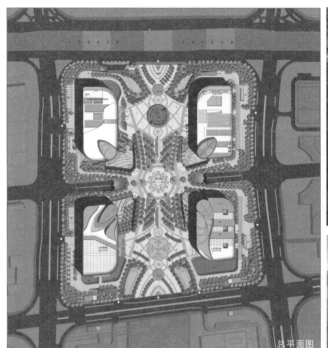

总平面图

歌剧院庭院透视图

工人文化宫庭院透视图

灯柱效果图

空间结构图解

图书馆庭院透视图

规划展示馆庭院透视图

中石化西北石油局米泉基地居住区景观设计
LANDSCAPE DESIGN OF THE SINOPEC RESIDENTAIL APEA IN URUMQI

凤凰来仪

    方案整体构图取材于中华民族传统吉鸟凤凰的形态。以其灵动的身姿、飘飞的翎羽建构小区流通与活动空间。整体造型呈现出凤于北俯身来仪，凰于南腾起预飞的态势，阴阳相合。

    基地地处乌鲁木齐，为典型的干旱少雨区，因此总体布局设计纵贯南北的溪流，在达到夏季蓄水、冬季积雪作用的同时，也构建起不同水景形态所营造增的主景观带，使整个小区形成"一带、三段、三核心"的空间格局。三段分别为北部、中部、南部三个大的组团，北部组团营造静谧的山泽景观；中部结合现状保护林带营造清幽的林泉景观；南部组团营造疏朗原流景观。三核心为分布于公共景观带上各组团形成的组团核心活动空间。此外，考虑当地冰冻期较长，水景采用旱溪的设计手法，以保证不同季节的景观品质。同时组团及宅间布置亭廊、下沉空间等庇护性空间，以最大限度延长居民对户外空间的利用时间。

设 计 者：翟宝华　李瑞冬　李伟　夏敏　石晶晶　景婷婷　范嘉乐
工程规模：总用地面积 249 960m²　景观环境设计面积 216 440m²
设计阶段：方案设计
委托单位：中石化米泉石油局

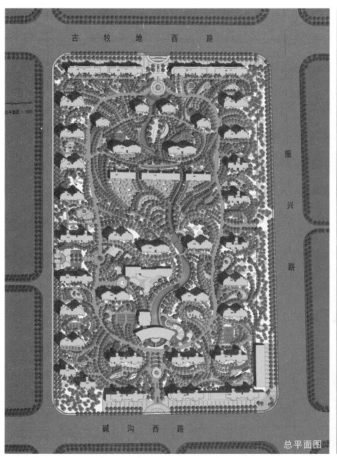

总平面图

会所景观透视图

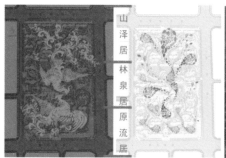

设计理念解析

构筑、小品效果图

林泉居组团绿地透视图

北入口透视图

现状保护林组团透视图

山泽居组团绿地透视图

上海世博会城市最佳实践区会后改造景观工程
UBPA 2010+RECONFIGURING THE LANDSCAPE PROJECT, EXPO 2010 SHANGHAI CHINA

景观改造主题理念：实践之绿智慧之水

上海世博会城市最佳实践区是2010中国上海世博会总结报告中强调的最重要的创新点，其会后改造景观场地为一个集商业、休闲、娱乐、办公、艺术展示为一体的综合型场地；是一个功能多元化、形态多样化的连续的开放空间体系。场地改造设计把握场地所承载的过去，通过对于世博会期间场地中遗存印记（罗阿玫瑰园、马德里空气树、巴塞罗那高蒂龙、温哥华木构亭，及场地上当时创造的室外吧台、水木花池等特色景观休憩设施）的运用和适应性改造；在南部创造全新的"全球城市广场"，将世博会期间实践区中的参展城市设计成为广场上的"记忆"元素，创作属于上海的也是世界的"城市客厅"；实现景观场地这一第三场所对世博会城市主题的延续性设计，在场地中串起一条世博文化轴。运用以象征平衡稳定的生态体系结构的三角形为母体的绿岛、主通道连续的绿廊等绿化生态景观元素组织出一条绿色生态轴。成都活水公园的生态水、江水源热泵的能源水、水木台的艺术水、黄浦江的自然水、场地降温除尘喷雾的生态科技水和新增水景设计的景观水，跃动出一条蓝色智慧轴。

"仁者乐山，智者乐水；知者动，仁者静"动静相辅空间连续，贯穿起实践区的空间主轴线。在南北两个街区衔接处，设计创作了"艺术门廊"，一系列红色的门框，定格框景穿街而过，形成连续跃动的"灰空间"连廊，从街区的内外视角上连接起两个街区，凸显出街区的空间关系及艺术高度。同时设计对于场地多元化功能空间进行细致的行为需求思考，创造出场所化、人性化、生态化、艺术化的新实践区场地空间体验。

设 计 者：应佳 胡玎 谢俊 江佳玉 王越 张惠良 孙颖 吕茵 陆曦 高南希
工程规模：占地面积 15.08hm²
设计阶段：景观修建性详细规划及概念方案设计
委托单位：上海世博局上海世博土地控股有限公司

城市最佳实践区会后改造场地夜景鸟瞰图

① 全球城市广场 ——"城市客厅"
② 商业艺术展演广场
③ 生态绿岛
④ 街区主通道 ——"生态绿廊"
⑤ 艺术"门廊"
⑥ 主通道设施带
⑦ 特色火车座室外休憩带
⑧ 温哥华木构庭院
⑨ 西班牙高蒂庭院
⑩ 室外吧台创意集市
⑪ 法国罗阿玫瑰园庭院
⑫ "活水公园"绿地
⑬ 马德里空气树庭院
⑭ 林荫步道
⑮ 自行车停车场
⑯ 室外咖啡吧
⑰ 办公区主入口
⑱ 街区入口门户

总平面图

"城市客厅"入口透视图

全球城市广场"生态绿岛"鸟瞰图

艺术"门廊"实践区街区内视角透视图

南北街区中间街景视角透视图

艺术"门廊"鸟瞰图

崧泽博物馆景观设计

LANDSCAPE DESIGN OF SONGZE CULTURE MUSEUM, SHAGNHAI

崧泽文化距今约 5 800~4 900 年，属新石器时期母系社会向父系社会过渡阶段，以首次在上海市青浦区崧泽村发现而命名。崧泽文化上承马家浜文化，下接良渚文化，是长江下游太湖流域的重要的文化阶段。青浦区发现崧泽文化遗址 4 处（崧泽遗址、福泉山遗址、金山坟遗址、寺前村遗址），出土各类文物 800 余件。

崧泽博物馆为现代风格建筑，形体简洁、雕塑感强；而其周边环境条件复杂，地块入口与主体建筑由一条河道相互分隔；且建筑周边空间相对局促。基地景观是建筑艺术的延伸与拓展、是城市或自然空间与建筑的交汇、是人居环境理念的表达与塑造、也是物理环境与生态空间的塑造过程。设计力求通过多元手法呈现源远的崧泽文化，良好的组织人、车、物流的疏散以及营造良好的观展氛围。

入口广场的组织以多折面的造型草坡形成竖向变化丰富的景观，同时各侧面挡墙形成书卷式的展开面，演绎崧泽文化的历史流源；多重界面形成多维时空、象征多重意义。此外，建筑周边及内部的庭院空间设计同样将人文的信息抽象、物化，为整体的观展增添趣味。

设 计 者：李瑞冬　李伟　翟宝华　范嘉乐　陈依依　景婷婷　古元冀
工程规模：总用地面积 13 621m²　景观设计面积 9 934m²
设计阶段：施工图设计
委托单位：上海市文化广播影视管理局

鸟瞰图

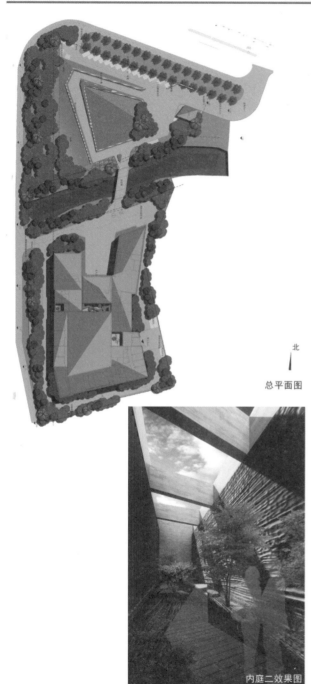

北

总平面图

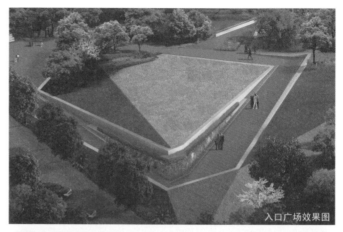

入口广场效果图

内庭一效果图

内庭三效果图

内庭二效果图

漯河新区牡丹江路跨沙河新建桥梁设计

MUDANJIANG RD NEW BRIDGE OVER SHAHE RIVER IN LUOHE NEW DISTRICT

漯河新区位于漯河中心城区东部，是体现城乡统筹、产业协调、产城融合发展的复合型功能性区域，空间上涵盖城市、农村和生态用地。牡丹江路跨沙河新建桥梁位于漯河新区起步区的中心位置，是漯河新区建设的首个启动项目，对于创造新区的新的景观形象和展示新区发展的信心具有重要作用。

牡丹江路桥采用扭转的双拱斜拉索的结构形式，利用变化的、动态的索面达到步移景移的空间效果；同时强化桥梁形态作为景观的辐射性，注重其对周边用地的影响；将其作为展现城市生活的舞台，结合漯河城市景观的滨河特征，利用河堤与滩地等现实条件创造立体的活动空间，为市民的活动提供场所。

设 计 者：孙光临　刘彬　余国璞　李沁　王安民　唐嘉琳　陈何峰

工程规模：主桥长 63m+135m+63m=261m，全长 391m；主桥宽 44.5~58.5m

设计阶段：方案、初步设计

委托单位：漯河新区投资发展有限公司

鸟瞰图

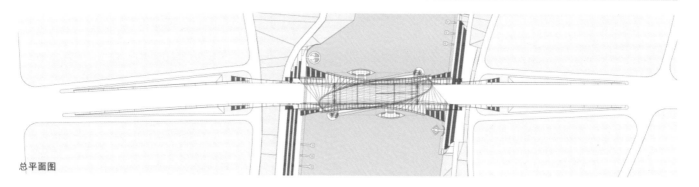

总平面图

透视图

透视图

夜景鸟瞰图

徐家汇教堂广场及周边空间整合设计

INTEGRATED URBAN DESIGN FOR XUJIAHUI CHURCH AREA

徐家汇教堂广场地区城市设计探索实践以文化为城市发展的深层次动力的城市设计理念，促进地区建设以教堂为中心的城市广场，满足市民多种活动的需求，组织以教堂前市民广场为核心的包括徐光启公园在内的城市公共空间整体化网络体系和城市历史文化游览和展示体系，同时结合地铁站与地下空间的开发，完善地区静态交通设施。

教堂广场及周边地区城市设计通过空间与功能的重组，延续教堂主轴线，在教堂前创造出满足市民多样性日常活动和节日庆典活动的立体化市民广场，分层的功能布局有机整合了教堂前广场的仪式性与活力性，构建景观与活力共生的行为广场。广场西侧新建的文化建筑，既提供了广场的完整界面又有助于提升广场的文化特征。新建筑及广场地面以红砖色彩为基调，扩展徐家汇教堂地区的城市可印象性。整合地区历史文化资源，建构以徐家汇教堂为中心，步行化的历史风貌区，将徐光启公园、藏书楼、上海天文台、上海老站等历史建筑，运用与步行结合的个性化的铺地联成整体。通过建立地上地下一体化的公共空间体系，建设地下空间地面化的下沉广场，激活该地区已有的地下空间，同时增加地下停车空间。

徐家汇教堂广场及周边地区整合的城市设计，向城市和市民展示出一幅以教堂为核心，中心突出、界面完整、意象延展、特色鲜明的教堂广场和立体化、生态化、功能复合、活力盎然的市民广场交相辉映的美丽场景。

设 计 者：卢济威　张凡
工程规模：占地面积 20.5hm²
设计阶段：城市设计
委托单位：徐汇区建设和交通委员会

鸟瞰图

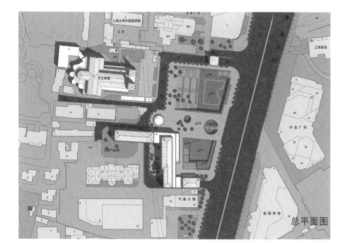

总平面图

历史文化资源整合图

剖面图

鸟瞰图

鸟瞰图

山东省郯城县马头古镇城市设计
URBAN DESIGN OF MATOU TOWN TANCHENG COUNTY SHANDONG PROVINCE

马头镇位于郯城县境西部,沂河南岸,自然风景秀丽,历史悠久,文化灿烂,是久负盛名的商贾重镇,素有"小上海"之称。马头镇在唐代初具规模,明清时期已很繁荣。1738 年,日本侵略者攻占马头镇后,整个古镇遭到严重毁坏。解放之后,马头人民奋发图强,在印刷、糖果、手工制造等方面取得较大成绩,为恢复古镇的建设奠定了基础。

马头古镇城市设计的总体目标为"双千年古镇,大江北水乡"。通过对马头古镇历史上的商贾文化、航运文化、回民文化、红色文化、民俗文化、美食文化等丰富的文化体系研究,结合现代人的生活习惯,运用科学的发展观,将马头古镇定位为具有历史文化底蕴、具有包容性的可持续发展的文化古镇。规划将古镇划分为重点建设区域、引导建设区域、协调建设区域。具体设计策略包括:梳理路网,建立完整的步行交通系统与车行交通系统;明确道路等级与功能,合理组织对外交通;继续延续轴线发展格局,对不同区域进行明确的功能定位,布置核心景观区,对游览度假功能产生集聚效应;在旱街与人民路、东西大街、滨河路的交叉口及其他重要节点布置标志性的景观节点,增强识别性;充分挖掘沂河自然生态资源,使其恢复"沂水春帆"的景色,并对幸福河进行梳理改造,布置桥、廊道、景观节点等功能完备的水网系统。

设 计 者:戴复东　吴庐生　黄丹　沈复宁　刘纯然　李潇
工程规模:占地面积 1 000 000m²
设计阶段:城市设计
委托单位:山东省郯城县人民政府

幸福河透视图

总平面图

古镇历史纪念区鸟瞰图

南门透视图

旱街透视图

北水门透视图

大明湖透视图

新野古城风貌区
THE PROJECT OF LANDSCAPE AREA IN XINYE ANCIENT CITY

　　本详细规划是在新野县城总体规划的基础上、对新野古城进行保护性改造的背景下展开的，即主要是对新野以护城河为界的原古城址进行改造规划，规划范围是古城的西南片区。规划结合古城改造与更新的过程，以反映三国文化的风貌区建设，配合历史文化遗迹的保护，建筑以小体量为主，力求建成富有文化内涵和地方特色的旅游胜地和新野市民的公共活动中心。

　　规划用地区域现状的土地利用及规划结构紊乱，现存建筑大多较陈旧。规划中依托城墙、城河的清理整合，构筑线形历史风貌环带，城区内部则布以低层住区及连接四门的十字大街、沿街商业，形成有游有居、外游内居的风貌区结构，呈现"内片区，外环带"的规划布局。

　　对具备历史文化价值的几处原有景点进行积极的整合、修复，周边有条件的即可辟为景区，主要包括：汉桑城、挂剑槐、议事台、木梳背街和二十四眼井等。新景点的开发与建设则尽可能规划为有一定规模的景区，景点分类分批建设，力求在远期逐步形成具有历史记忆的功能或景观效果，保护好城区内仅有的历史遗存。

设 计 者：李茂海　张毅
工程规模：规划用地面积 146 040m²　总建筑面积 81 930m²
设计阶段：方案设计
委托单位：新野县城乡规划局

三国文化园鸟瞰

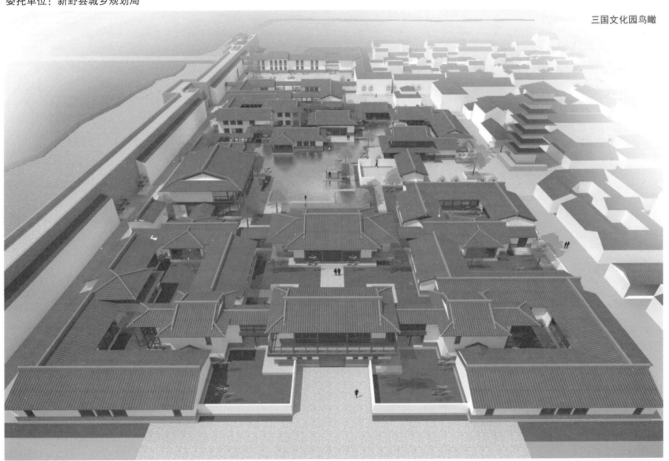

汉桑城景区鸟瞰

总平面图

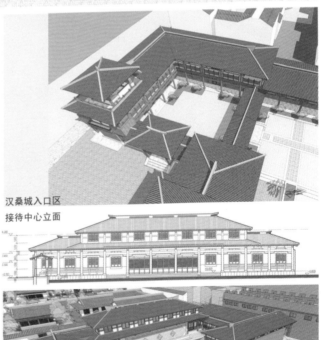

汉桑城入口区

接待中心立面

武圣堂透视

湖南省汨罗市屈子书院建筑方案设计
DESIGN OF QU YUAN INSTITUTE IN MILUO HUNAN

本工程位于湖南省汨罗市屈子文化园内西北部，是集展览、旅游、交流、研究、体验等功能于一体的核心公共建筑群。其中一期建筑面积约为 4 265 平方米，是以旅游参观为主要使用功能的建筑物，以传统木结构为主，局部采用砌体结构。

屈子书院一期采用典型的湖湘书院多进式廊庭布局，厅堂和楼阁平面柱网均突出上古偶数开间、中柱、东西阶特征。建筑全部为穿斗式木结构，悬山顶及悬山加山披顶，舒展飘逸的屋面及屋脊，穿枋和插拱、曲拱、大门上的吊柱，檐下的挂落，以及古风石牌坊、楚地古雕小品等，做法部分采自当地传统民居，部分采自上古实物资料，部分采自《楚辞》等文献描述，是将实存、史实和想象融为一体的湖湘古风再创作，从而与一般所见的仿古建筑有所不同。

屈子书院的功能定位以弘扬《楚辞》为代表的华夏伦理美学和人格风骨为主旨。其中一期建筑纪念对象以屈原为主，兼及宋玉、贾谊、刘向、司马迁、东方朔、王褒、王逸等与《楚辞》相关的著名历史人物，以及后世湖湘文化的典型人物及其作品，集博览、纪念、观赏等功能于一体，形成国际性的屈原与《楚辞》文化中心的核心纪念部分。

本工程尊重周边自然环境、现有地形地貌和当地的气候特点，合理组织场地、利用原有高差。一期建筑群主体坐落于原屈子祠中学的校址，场地较平整，南北两端有较大的高差，南端高差利用依山势而建的大台阶及牌坊逐步引导至书院主入口，北端高差则建观景台以利远眺景致。

设 计 者：常青　华耘　刘伟　齐莹　周易知　魏淼　吴宵婧
工程规模：总用地面积 104 356m²　一期用地面积 48 480m²
设计阶段：方案、初步、施工图设计
委托单位：汨罗市屈子文化园建设开发有限公司

鸟瞰图

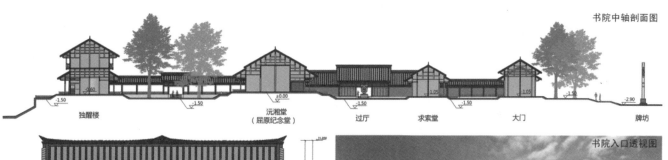

书院中轴剖面图

独醒楼　沅湘堂（屈原纪念堂）　过厅　求索堂　大门　牌坊

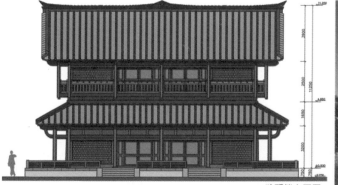

独醒楼立面图

书院入口透视图

总平面图

独醒楼透视图

天津民园体育场保护利用建筑设计及周边规划概念设计方案

THE ARCHITECTURAL DESIGN OF PROTECTION & UTILIZATION FOR TIANJIN, MINYUAN STADIUM AND PLANNING CONCEPTS DESIGN OF SURROUNDING

项目用地位于天津市中心城区"五大道"核心区域，现民园体育场，其作为五大道地区最大的开放空间，是五大道的重要节点。基地用地面积约为 35 600 平方米。

随着民园体育场竞技体育功能的丧失，其使用功能和空间利用已发生本质的转变：功能转换，从城市的大型体育设施转换为城市历史街区公众休闲设施；从单一功能的运动场所转换为多元化城市生活场所；空间演变，从相对封闭的公共建筑转换为开放型城市公众休闲场所。综合考虑到建筑所处的历史地段，区位环境特征，以及建筑转变用途后新的功能的使用需求，本方案提出"宜游宜憩——多姿多彩的城市街区生活"这一设计主题。建筑设计融市民休闲健身、特色文化演绎、旅游配套服务三大功能为一体，通过合理的分区和布局，高强度的地下空间利用，以及立体化平台系统的连接，创造出向城市开放的、富有吸引力的城市生活场景，实现民园体育场的华丽蜕变。

项目功能分为五个部分：北侧五大道博物馆、游客中心；东侧和西侧为商业配套；南侧为体育博物馆；场地中央为体育休闲设施，包含一组300 米标准跑道、一个小型足球场以及一个室内演绎厅（兼容室内篮球场）。建筑造型遵循原有体育场的建筑平面格局关系和沿街高度控制要求，南北两侧高，东西两侧低。通过凹凸变化和局部退让处理，以及游客集散广场侧观光塔的设置，形成整体连续而又变化的建筑立面效果。

设 计 者： 谢振宇　胡军锋　黄亦颖　吴一鸣　练思诒　吴颖　王承华　李超　詹旷逸　郑楠
工程规模： 总用地面积 35 600m²　总建筑面积 69 134m²
设计阶段： 方案设计
委托单位： 天津五大道文化旅游发展有限责任公司

北侧鸟瞰图

南侧模型鸟瞰图

总平面图

西南侧模型鸟瞰图

内部体育休闲设施示意图

河北路沿街透视图

安徽宣城"诗酒敬亭"宣酒工业园区
"THE POEM LIQUOR JINGTINGSHAN" XUANJIU INDUSTRY PARK, XUANCHENG, ANHUI

　　宣城是"文房四宝"之乡，宣纸、宣笔、宣酒并称"三宣"。安徽宣城宣酒工业园区是安徽宣酒集团股份有限公司在宣城莲塘新区敬亭山麓拟建的新厂区。结合"文化做酒"的公司经营理念，规划的新厂区不仅为扩大生产规模提供空间，为员工创造良好的生产、生活环境，也为外来游客提供工业旅游体验，形成集办公、接待、生产、旅游为一体的中国最美、最具文化品位的白酒工业文化园区，承载国家级非物质文化遗产的超 5A 级旅游胜地、中国企业园区生产、服务、营销与文化联动发展的典范、宣城市重要的城市名片。

　　"宣酒特色，世界唯一"的宣酒工业园区在中国白酒产业园区中独树一帜。整个园区分为办公区和生产区，在交通上相应形成办公流线、生产流线和参观流线。园区风貌与宣酒深厚的文化底蕴相适应，建筑与构筑物采用徽派建筑风格，并与"江南诗山"敬亭山风景名胜区风貌相协调，曲桥流水、湖石青竹，诗酒交融，既是生产厂区，更是宜人的江南传统园林风格的工业旅游景区。

设 计 者：陆曦　胡玎　孙颖　张惠良　王越　贺永　谢俊　于力如　江佳玉　黄兆辉　周峰　丁仁杰
工程规模：占地面积 61.67hm²
设计阶段：修建性详细规划
委托单位：安徽宣酒集团股份有限公司

总体鸟瞰图

办公区鸟瞰图

东入口透视图

生产区鸟瞰图

纪叟雕塑透视图

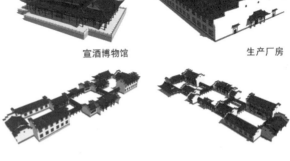

宣酒博物馆　　　　　生产厂房

南立面图

办公楼

宣酒商学院

接待中心

云南·丽江 古城东郊环境整治二期工程
ENVIRONMENTAL RENOVATION PROJECT OF LIJIANG ANCIENT CITY·EASTERN SUBURBS

项目位于丽江市大研古城保护范围的东郊缓冲区，是丽大公路与机场的第一入城口，也是丽江的形象窗口，城市的东大门，规划总用地 33.63 公顷。

规划以"突出文化特色、展示记忆精髓、结合自然特点、发展丽江旅游"为基础，将文化维度、记忆维度、自然维度作为规划主线，提出了多维并举的指导思想。

规划形成了一纵三横多聚落的结构：南北向通过一条轴线联结象山、黑龙潭与蛇山，形成风景秀丽的自然对景；东西向三条轴线联系狮子山万鼓楼、大研古镇以及政府东大门，打造底蕴深厚承接古今的人文对景：基质承袭大研古镇的肌理构成，以纳西传统建筑聚落组成。

通过充分发挥丽江特有的自然山水资源和地域文化资源优势，规划以"纳西风情"为基调，构建功能复合、配套完善、交通便利、富有特色、充满活力、市民与游客共享的综合性文化休憩场所，提升丽江古城的环境品质，延续丽江古城的文化肌理，促进世界文化遗产保护。

设 计 者：王一　徐政　张维　陈振宇
工程规模：基地面积 33.63hm²
设计阶段：修建性详细规划
委托单位：丽江世星文化旅游发展有限公司

鸟瞰图

总平面图

透视图

透视图

透视图

立面图